Informatik im Fokus

Herausgeber:

Prof. Dr. O. Günther
Prof. Dr. W. Karl
Prof. Dr. R. Lienhart
Prof. Dr. K. Zeppenfeld

Informatik im Fokus

Rauber, T.; Rünger, G.
Multicore: Parallele Programmierung. 2008

El Moussaoui, H.; Zeppenfeld, K.
AJAX. 2008

Behrendt, J.; Zeppenfeld, K.
Web 2.0. 2008

Hoffmann, S.; Lienhart, R.
OpenMP. 2008

Steimle, J.
Algorithmic Mechanism Design. 2008

Stych, C.; Zeppenfeld, K.
ITIL. 2008

Brill, M.
Virtuelle Realität. 2009

Manfred Brill

Virtuelle Realität

 Springer

Prof. Dr. Manfred Brill
Fachhochschule Kaiserslautern
Fachbereich Informatik und Mikrosystemtechnik
Amerikastraße 1
66482 Zweibrücken
manfred.brill@fh-kl.de

Herausgeber:

Prof. Dr. O. Günther
Humboldt Universität zu Berlin

Prof. Dr. R. Lienhart
Universität Augsburg

Prof. Dr. W. Karl
Universität Karlsruhe (TH)

Prof. Dr. K. Zeppenfeld
Fachhochschule Dortmund

ISBN 978-3-540-85117-2   e-ISBN 978-3-540-85118-9

DOI 10.1007/978-3-540-85118-9

ISSN 1865-4452

Bibliografische Information der Deutschen Nationalbibliothek
Die Deutsche Nationalbibliothek verzeichnet diese Publikation in der Deutschen
Nationalbibliografie; detaillierte bibliografische Daten sind im Internet über
http://dnb.d-nb.de abrufbar.

Einbandgestaltung: KünkelLopka Werbeagentur, Heidelberg

Gedruckt auf säurefreiem Papier

9 8 7 6 5 4 3 2 1

springer.com

Vorwort

Die Buchreihe „Informatik im Fokus" hat zum Ziel, zeitnah und gut verständlich neue Technologien in der Informatik darzustellen. Die virtuelle Realität gibt es schon seit mehr als zwanzig Jahren. Aber die Zeit ist reif für die Entwicklung von produktiv genutzten Anwendungen. Sucht man nach Literatur zur virtuellen Realität, dann stellt man fest, dass es außer technischen Handbüchern im World Wide Web sehr wenig Einführungen in die Software-Entwicklung gibt. Das Buch, das Sie in Händen halten, soll diese Lücke ein wenig schließen und Ihnen einen Einstieg in die Implementierung von VR-Anwendungen bieten.

Mehr als einen Einstieg zu versprechen wäre angesichts der Breite der Möglichkeiten in der virtuellen Realität vermessen. Aber die Basis-Technologien werden Sie nach der Lektüre und der Bearbeitung der Übungsaufgaben kennen. Sie benötigen zur Bearbeitung der Aufgaben keinen CAVE; wir verwenden dazu einen Simulator auf dem Desktop. Das ist natürlich in keiner Weise ein Ersatz für eine VR-Installation; aber mit etwas Fantasie kann man sich den realen Einsatz der Beispiele sicher vorstellen.

Zahlreiche Hersteller haben mir die Erlaubnis gegeben, die Beschreibung von Geräten und Software mit Hilfe von Abbildungen zu unterstützen. Ich möchte mich an dieser Stelle noch einmal für die schnelle und unkomplizierte Genehmigung bedanken. Die Auswahl stellt mitnichten ein Urteil über die Geräte dar, sondern dient ausschließlich der Illustration!

An dieser Stelle möchte ich mich bei allen bedanken, die zum Entstehen dieses Buchs beigetragen haben. Der Dank geht an die Herausgeber der Reihe „Informatik im Fokus", in erster Linie an Klaus Zeppenfeld, für die Idee, ein Buch zum Thema virtuelle Realität in die Reihe aufzunehmen. Hervorragend und sehr motivierend war die Zusammenarbeit mit den Mitarbeitern des Springer-Verlages und der Firma le-tex in Leipzig.

Ohne Robert Moorhead und sein Team am GeoResources Institute der Mississippi State University wäre diese Buch nie entstanden. Vielen Dank für intensive Diskussionen, Tipps und vor allem für die Möglichkeit, ein ganzes Jahr den Schlüssel für einen CAVE zu haben und darin Software zu entwickeln. Das war das Schlaraffenland für einen Informatiker!

Nicht zu vergessen meine Familie, bei der ich mich an dieser Stelle für die vielen Wochenenden und Abende entschuldige, an denen das Familienleben ohne mich stattfand. Vielen Dank für die Geduld und die moralische Unterstützung!

Und zum Schluss freue ich mich darauf, das Buch einmal beiseite zu lassen und wieder mehr Zeit für das Erstellen von VR-Anwendungen zu haben. Virtuelle Realität macht Spaß!

Saalstadt, im August 2008
Manfred Brill

Inhaltsverzeichnis

Kapitel 1
Einleitung

Dieses Buch vermittelt einen Einstieg in die Anwendungsentwicklung für die virtuelle Realität. Nach den Grundlagen und einer Beschreibung der Hardware-Konfigurationen erfolgt eine Einführung in das frei verfügbare Toolkit VR Juggler. Dabei werden Kenntnisse in Computergrafik und insbesondere Grafikprogrammierung mit OpenGL vorausgesetzt.

Danach werden exemplarische Anwendungen mit VR Juggler implementiert, wobei Erfahrung im Programmieren mit C++ zumindest für das erfolgreiche Bearbeiten der Aufgaben notwendig ist. Dabei wird auch eine Kopplung zwischen dem Visualization Toolkit VTK und VR Juggler eingeführt und produktiv eingesetzt.

1.1 Beschreibung der Thematik

Beim Stichwort „virtuelle Realität" denken viele Leser sofort an das „Holodeck" aus der US-amerikanischen TV-Serie „Star Trek". Das ist natürlich nicht ganz abwegig, denn das dort beschriebene System bietet wirklich eine virtuelle Realität. Mehr noch, in diesem Holodeck sind virtuelle Pistolenschüsse sogar tödlich. Ivan Sutherland hat, wie so oft in der Computergrafik, eine der ersten Arbeiten verfasst, die man der virtuellen Realität zuordnen kann. Die Veröffentlichung stammt aus dem Jahr 1965 – deutlich vor dem ersten Auftreten eines Holodecks im Jahr 1980 in „Star Trek - The Next Generation". Sutherland beschreibt in [53] ein System, das es einem Benutzer ermöglicht, eine virtuelle Welt zu erleben und sich darin zu bewegen:

> The ultimate display would, of course, be a room within which the computer can control the existence of matter. A chair displayed in such a room would be good enough to sit in. Handcuffs displayed in such a room would be confining, and a bullet displayed in such a room would be fatal. With appropriate programming such a display could literally be the Wonderland into which Alice walked.

Die virtuelle Realität hat in den letzten 25 Jahren eine stürmische Entwicklung durchgemacht. Dabei sind viele Hypes entstanden und Buzzwords erfunden worden, die wenig mit dem technisch Machbaren zu tun hatten.

Virtuelle Realität wird heute, im Jahr 2008, produktiv eingesetzt. Neben der Anwendung im Wissenschaftlichen Visualisieren wird die virtuelle Realität insbesondere in der Automobil-Industrie produktiv eingesetzt. Von der Einbau-Untersuchung bis hin zur Fertigungsplanung gehört die virtuelle Realität dort inzwischen zum Alltag. Auch in der Medizin und generell überall dort, wo Simulation eingesetzt wird, spielt die virtuelle Realität heute eine tragende Rolle.

Trotz dieser Bedeutung in der Anwendung innerhalb der Forschung und Entwicklung ist die Literatur zu virtueller Realität nicht sehr umfangreich. Insbesondere für die Softwareentwicklung ist man ausschließlich auf technische Handbücher angewiesen. Das vorliegende Buch soll unter Anderem diese Lücke schließen.

1.2 Gliederung

Im folgenden Kapitel werden die Grundlagen der virtuellen Realität betrachtet. Im Vordergrund stehen:

- Begriffserklärungen,
- ein kurzer Blick auf die „historische" Entwicklung der virtuellen Realität,
- die einzelnen Bestandteile eines VR-Systems und
- der Aufbau kompletter VR-Systeme.

In Kapitel 3 liegt der Schwerpunkt auf der praktischen Umsetzung und insbesondere auf einer Einführung in VR Juggler:

- Anforderungen an VR-Anwendungen,
- eine Einführung in VR Juggler,
- Verwendung von OpenGL, OpenGL Performer und OpenSG mit VR Juggler.

In Kapitel 4 werden exemplarische Anwendungen mit VR Juggler entwickelt. Die verschiedenen Anwendungen können im Simulator, den VR Juggler zur Verfügung stellt, selbst durchgeführt werden:

- Anbindung von VTK an OpenGL und VR Juggler,
- Navigation und Interaktion mit Objekten,
- Visualisierung von Strömungsdynamik-Simulationen und
- Untersuchung der Qualität von Freiform-Flächen.

Im Anhang gibt es neben den Lösungen der zahlreichen Aufgaben Hinweise für die Anwendungs-Entwicklung mit OpenGL, VTK und insbesondere VR Juggler. Die Website zum Buch www.vr-im-fokus.de enthält noch viel mehr Tipps, Beispiele und Links auf weitere Ressourcen im World Wide Web.

Kapitel 2
Virtuelle Realität

Dieses Kapitel beginnt mit einer Begriffserklärung, da virtuelle Realität, die in ganz unterschiedlichen Umgebungen verwendet wird, nicht leicht abzugrenzen ist. Und auch auf ihre „historische Entwicklung" soll an dieser Stelle ein Blick geworfen werden.

Um virtuelle Realität zu verstehen, ist es besonders notwendig, sich mit der menschlichen Wahrnehmung und mit der Hard- und Software für die Ein- und Ausgabe auseinanderzusetzen. Den Abschluss des Kapitels bildet die Beschreibung kompletter VR-Systeme.

2.1 Begriffe und Bezeichnungen

Für den Begriff „virtuelle Realität", englisch virtual reality oder kurz VR, gibt es vermutlich genau so viele Definitionen wie es Fachleute dafür gibt. Der Brockhaus [17] definiert virtuelle Realität als

...eine mittels Computer simulierte Wirklichkeit oder künstliche Welt, in die Personen mithilfe technischer Geräte sowie umfangreicher Software versetzt und interaktiv eingebunden werden.

Als Synonym für VR werden häufig „virtuelle Umgebung" oder „virtual environment" verwendet. Eigentlich sind diese Begriffe viel zutreffender, virtuelle Realität ist genau betrachtet ein Widerspruch in sich. Aber da sich dieser Begriff durchgesetzt hat, verwenden wir ihn auch im Folgenden. Vor dem Hype, den das World Wide Web ausgelöst hatte, gab es vergleichbare Erwartungen an die virtuelle Realität. In diesem Zusammenhang wurde der Begriff „Cyberspace" geprägt, der häufig auch für das WWW verwendet wird. „Cyberspace" wurde von William Gibson eingeführt, der in seinem Roman „Neuromancer" ([27]) ein weltumspannendes System beschreibt, das direkt an das menschliche Nervensystem anzuschließen ist.

Virtuelle Realität steht für eine neuartige Benutzungsoberfläche, in der die Benutzer innerhalb einer simulierten Realität handeln und die Anwendung steuern und sich im Idealfall so wie in ihrer bekannten realen Umgebung verhalten. Damit hofft man die Ultima Ratio der Mensch-Maschine-Kommunikation zu erreichen, eine möglichst voraussetzungslose Nutzung „out-of-the-box". VR findet überall dort Anwendung, wo Anwender komplexe Daten visualisieren, manipulieren und damit interagieren.

Neben die visuelle Wahrnehmung der virtuellen Umgebung treten akustische und taktile Sinnesreize. Ziel ist das Gefühl der Benutzer, sich in der virtuellen Umgebung zu befinden. Dieser Effekt wird als Immersion bezeichnet. In der Literatur findet man für Immersion häufig die Beschreibung „being there", was den Begriff sehr gut charakterisiert. Das Eintreten von Immersion hängt von vielen Faktoren ab. Ganz wichtig ist der Grad der Übereinstimmung zwischen virtueller und realer Umgebung, aber auch das Ausmaß der Beeinflussbarkeit der virtuellen Realität durch die Benutzer. Dies setzt eine hohe Interaktivität der

Anwendung voraus. Immersion entsteht durch eine entsprechende Anzahl von Einflussmöglichkeiten und die Fähigkeit des Systems, sich dem Benutzer anzupassen.

Eingabe und Reaktion des Systems auf Interaktionen müssen in Echtzeit geschehen. Maßgeblich für die Reaktion sind die durch die menschliche Physiologie vorgegebenen Randbedingungen. Soll beispielsweise die visuelle Wahrnehmung realistisch wirken, dann muss eine Bildwiederholrate von mindestens 15 - 20 Hz erreicht werden. Die menschliche Wahrnehmung der räumlichen Tiefe muss beispielsweise mit Hilfe von stereoskopischer Darstellung unterstützt werden. Die akustische Darstellung mit Hilfe des Computers wird mit Raumton durchgeführt. Ergänzend können taktile Rückmeldungen, beispielsweise durch Force-Feedback, die Benutzer dabei unterstützen, die virtuelle Welt zu „fühlen". Ellis weist in [25] richtig darauf hin, dass virtuelle Realität vor allem als mentaler Prozess verstanden werden muss. Ziel ist nicht die vollkommen realistische Darstellung, sondern dass die Benutzer die Darstellung als real akzeptieren.

Ein wesentlicher Bestandteil der Immersion ist die Verfolgung oder „tracking" der Position und Orientierung des Benutzers oder anderer Objekte. Statt wie auf dem Desktop mit Hilfe der Maus eine Anwendung zu steuern, navigieren die Benutzer einer VR-Anwendung durch die Szene. Die visuelle und akustische Ausgabe wird vom System ständig an die aktuelle Orientierung angepasst und unterstützt damit die Immersion.

2.2 Entwicklung der virtuellen Realität

Genau so schwer wie eine allgemeingültige Definition festzulegen, ist es, alle Ursprünge zu finden, die zu der heutigen Form der virtuellen Realität beigetragen haben. Die folgende Darstellung konzentriert sich auf die wesentlichen Daten. Einen ausführlichen Blick auf die Entwicklung geben [47], [57] und ganz aktuell [55].

Zwei wesentliche Bereiche haben maßgeblich dazu beigetragen, und zwar einmal Entwicklungen im militärisch-technischen Bereich und auf der anderen Seite die Filmtechnik, beginnend mit den dreißiger Jahren, die die Idee eines „Kinos der Zukunft" verfolgte.

Während des Ersten Weltkriegs begann man in der Ausbildung von Piloten Flugzeug-Simulatoren einzusetzen. Bereits in den zwanziger Jahren des 20. Jahrhunderts wurden sogenannte „Link Trainer" verwendet; benannt nach dem Hersteller Edwin Link. Im Zweiten Weltkrieg setzte die US Army Air Force mehr als 10 000 solcher Geräte ein. Noch in den siebziger Jahren wurden diese mechanischen Simulatoren verwendet. Mit der Verfügbarkeit von Computern wurden sie durch neue Entwicklungen ersetzt, die Computersimulationen und -grafik verwendeten. Heute gibt es Simulatoren für Flugzeuge und im Automobilbereich bis hin zur Simulation von Schiffen oder Lokomotiven. Neben der Ausbildung spielen solche Simulatoren heute eine große Rolle in der Unterhaltungsindustrie. Ein Paradebeispiel sind die Microsoft Simulatoren für Flugzeuge oder Lokomotiven, die sich sehr großer Beliebtheit erfreuen.

Räumliche Sicht mit Hilfe eines Stereoskops wurde bereits im Jahr 1832 von Charles Wheatstone entwickelt. Mitte der zwanziger Jahre des 20. Jahrhunderts gab es bereits die ersten Versuche mit großflächigen stereoskopischen Projektionen, beispielsweise das Magnascope von Lorenzo de Riccio. Allerdings konnte sich die Technik nicht gegen das gleichzeitig entstehende Medium Fernsehen durchsetzen. In den fünfziger Jahren wurden eine ganze Menge von Projektionen eingeführt; das Vitarama, das Cinerama bis hin zum Cinemascope, das von Twentieth Century-Fox vorgestellt wurde. Im Jahr 1955 beschrieb Morton Heilig ([30]) einen Simulator, der den Benutzern eine Kombination aus räumlicher Sicht, Ton, Wind und sogar Gerüchen bot. Heilig hat dieses Gerät, das er Sensorama nannte, 1962 in den USA zum Patent angemeldet. Allerdings war dem Gerät (Abb. 2.1) kein wirtschaftlicher Erfolg beschieden.

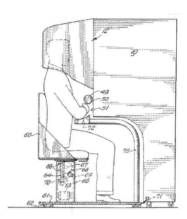

Abb. 2.1 Das Sensorama
(Abbildung aus [30])

Durch die Informatik bekam die virtuelle Realität ab Mitte der sechziger Jahre entscheidende Impulse. An der University of Pennsylvania wurde der „Universal Digital Operational Flight Trainer", der „UDOFT", entwickelt. Auch der „Link Mark I" war ein Echtzeit-Flugsimulator auf Basis eines Computers. Ivan Sutherland ([53]) beschrieb bereits auf dem IFIP Kongress im Jahr 1965 ein VR-System, das erst 1970 an der University of Utah aufgebaut werden konnte. Der Name „Damoklesschwert" für dieses erste „Head-Mounted-Display" rührt daher, dass die Hardware über dem Kopf des Benutzers an beweglichen Stangen hing. Diese Entwicklung konnte nur am Neujahrstag durchgeführt werden, da die benötigten Geräte zu dieser Zeit nicht gebraucht wurden – die anderen Arbeitsgruppen feierten Neujahr!

Es wurde allerdings schnell klar, dass die Hardware noch nicht reif für diese Art der Anwendung war. Dies änderte sich mit Beginn der achtziger Jahre. Die von Sutherland vorgestellte Technik wurde an die nun verfügbaren Personal Computer angepasst. 1982 gab es den Flugsimulator „Visually Coupled Airborne System", VCASS, der im Laufe der Zeit mit Spracheingabe, Blickverfolgung und taktiler Rückkopplung ausgestattet wurde. Das NASA Ames Research Center spielte eine wichtige Rolle bei der Weiterentwicklung der virtuellen Realität. 1985 wurden dort erstmalig LCDs in das HMD eingebaut. Der NASA verdanken wir auch den Einsatz eines Datenhandschuhs für Interaktionen. Die „Interactive Virtual Interface Environment Workstation", kurz VIEW genannt, integrierte alle bis dahin bekannten VR-Systeme. An der University of North Carolina entwickelte ein Pionier der Informatik, Frederick Brooks, die Systeme „GROPE I/II/III" ([5]), mit denen Moleküle räumlich visualisiert und manipuliert werden konnten. Die dargestellten Moleküle konnten beim Zusammenbauen durch taktile Rückmeldung „gefühlt" werden.

Insbesondere die Entwicklungen am NASA Ames Labor führten zu einer Reihe von Firmengründungen. Zu nennen ist hier an erster Stelle VPL, die von Jaron Lanier und Thomas Zimmermann gegründet wurde. Die Abkürzung steht für „Visual Programming Language". Jaron Lanier hat als Erster von virtual reality gesprochen – auf ihn geht also diese Bezeichnung zurück. Schon Anfang der neunziger Jahre war bereits eine Regulierung des Marktes zu beobachten. Viele Firmen stiegen in diesen Bereich ein; nur wenige konnten die damit verknüpften wirtschaftlichen Erfolge erzielen. Auch VPL existiert heute nicht mehr.

Zu Beginn der neunziger Jahre wurde an der University of Illinois in Chicago der CAVE ([21, 20]) entwickelt. CAVE steht für „Cave Automatic Virtual Environment", in Anlehnung an Platons Höhlengleichnis. Der CAVE wird inzwischen häufig mit virtueller Realität gleich gesetzt; wir werden den Aufbau später noch genauer betrachten. Im Wesentlichen ist ein CAVE ein würfelförmiger Raum, dessen Seiten aus Leinwänden bestehen. Mit Hilfe von leistungsfähigen Grafik-Rechnern, Projektoren und Stereobrillen konnte man eine neue Art der virtuellen Realität erfahren. Der CAVE garantiert eine hohe Auflösung, geringe Fehleranfälligkeit und befreite die Anwender von den häufig schweren HMD-Systemen. Abbildung 2.2 zeigt einen Anwender in einem CAVE. Die Installation eines CAVEs war eine der Attraktionen auf der SIGGRAPH im Jahr 1992; die Besucher standen Schlange, um diese Art der virtuellen Realität zu erfahren.

Abb. 2.2 Ein Benutzer in einem CAVE (Foto: Wikipedia Commons)

Ende der neunziger Jahre erhielt Frederick Brooks die Gelegenheit, den Stand der Technik der virtuellen Realität zu untersuchen ([18]). Nicht überraschend ist das Hauptergebnis der Studie:

... that whereas VR almost worked in 1994, it now really works. Real
users routinely use product applications.

Seit 1999 sind inzwischen fast zehn Jahre vergangen. Trotzdem
ist die Beschreibung von Frederick Brooks immer noch gültig. In
vielen Bereichen, an erster Stelle sei hier die Automobilindustrie
genannt, wird die virtuelle Realität in verschiedenen Ausprägungen wirtschaftlich und produktiv eingesetzt. In der Medizin und
anderen Bereichen wird VR erfolgreich in der Ausbildung eingesetzt. Mit Hilfe der virtuellen Realität können Rekonstruktionen
von historischen Bauwerken untersucht und präsentiert werden
([14, 39]). Gleichzeitig gibt es weitere vielversprechende Entwicklungen in Form von neuer Hardware und neuen Anwen-
dungsszenarien wie der „augmented reality" ([3], [4]).

Die virtuelle Realität ermöglicht es, beliebige existierende
und nicht existierende Objekte rechnergestützt dreidimensional
darzustellen. Nicht existierende Objekte können im Planungssta-
dium befindliche Produkte sein, die auf diese Weise realitätsnah
visualisiert werden. Es können darüber hinaus Eindrücke vermittelt werden, die in der Realität nicht greifbar sind, etwa weil
bestimmte Vorgänge zu schnell ablaufen oder gänzlich unsicht-
bar sind.

2.3 Ein- und Ausgaben

Ein VR-System unterscheidet sich grundlegend von einer Anwendung, die auf einem Desktop-Computer abläuft. Selbstverständlich ist der Hauptunterschied die virtuelle Szene: eine An-
sammlung von Objekten, die im Computer repräsentiert werden. Die Repräsentation enthält nicht nur die Geometrie, sondern
auch die Regeln und Beziehungen zwischen den Objekten. Ganz
wesentlich ist die Immersion der Benutzer – das Gefühl, sich in
der virtuellen Umgebung zu befinden. Diese Immersion beruht

auf Wahrnehmungen, die den visuellen, akustischen und manchmal auch den taktilen Eingabekanal des Menschen betreffen. Der letzte entscheidende Bestandteil eines VR-Systems ist die Interaktivität. Die hohe Interaktivität einer VR-Anwendung setzt selbstverständlich eine schnelle Reaktionszeit der Anwendung voraus. Die Antwortzeiten sind meist das entscheidende Kriterium bei der Auswahl von Hard- und Software-Komponenten. Im Folgenden betrachten wir die einzelnen Aspekte für die Realisierung von VR-Anwendungen.

2.3.1 Visuelle Ausgabe

Der mit Abstand wichtigste Eingabekanal des Menschen ist die visuelle Wahrnehmung; das Auge ist für etwa 70 Prozent unserer Wahrnehmungen verantwortlich. Für die virtuelle Realität ist insbesondere die räumliche Wahrnehmung von Interesse. Sie beruht auf Hinweisreizen, die in der Computergrafik als *Depth Cues* bezeichnet werden. Virtuelle Realität wird häufig mit Stereo-Sehen, also mit binokularer Wahrnehmung, gleich gesetzt. Aber es gibt auch andere Hinweisreize, die zum *Tiefeneindruck*, dem Wahrnehmen von Tiefe im Sinne des Abstands vom Betrachter beitragen.

Das wichtigste Prinzip in der Computergrafik stellt die Zentralperspektive dar. Abbildung 2.3 zeigt links die Zentralperspektive eines Würfels. Rechts in der Abbildung sind „Zaunpfähle" dargestellt. Alle Pfähle haben die Höhe 1 und stehen in zwei parallelen Reihen. Durch die Zentralperspektive erhält der Betrachter Hinweise auf die räumliche Anordnung und den Abstand.

Parallel liegende Linien und Kanten werden durch die Zentralperspektive auf stürzende Linien abgebildet. Wir *wissen*, dass

Abb. 2.3 Zentralperspektive eines Würfels (links) und zweier paralleler Reihen von „Zaunpfählen" (rechts)

sie parallel verlaufen - wir lesen das Abbild als das einer räumlichen Situation.

Ist die reale Größe eines Objekts bekannt, dann kann die relative Größe des Bildes mit der Entfernung ins Verhältnis gesetzt werden. Dies wird als *vertraute* oder *relative Größe* bezeichnet. Eine Person, die aus großer Entfernung betrachtet wird, interpretieren wir als weit entfernt, anstatt sie als sehr klein einzuschätzen. Mehrere identische Motive, die sich in ihrer Größe unterscheiden, nehmen wir wegen dieser *Größenkonstanz* als verschieden weit weg an; nicht als verschieden große Exemplare, die sich in gleicher Entfernung befinden. Ein Beispiel für die Größenkonstanz finden wir in Abb. 2.4.

Abb. 2.4 Relative Größe

Die *Verdeckung* oder *Interposition* fassen wir als sicheres Zeichen für verschiedene Entfernungen zum Auge auf. Dieser Sinnesreiz beruht auf der Eigenschaft unseres Gehirns, fehlende Teilstücke von bekannten Formen zu ergänzen. Man findet diese Wirkung in Bildern hintereinander liegender Bergketten oder von mehrschiffigen gotischen Kathedralen. Je mehr Überschneidungen von Formen zu sehen sind, desto stärker wird der räumliche Eindruck.

Als *Luftperspektive* oder *atmosphärische Tiefe* wird die Verminderung der Sichtbarkeit entfernter Objekte bezeichnet. Diese Information beruht auf der Tatsache, dass die Menschen in einem trübenden Medium – der Luft – leben. Objekte in großer Entfernung erscheinen unschärfer, heller und bläulicher. Schwarze Flächen erscheinen nicht mehr schwarz, weiße nicht mehr weiß; die Farben verlieren ihre Sättigung und zeigen einen immer größeren Blauanteil. In der Computergrafik wird dafür Nebel eingesetzt. Die Farbe eines Objekts geht in Abb. 2.5 mit zunehmendem Abstand vom Betrachter in die Hintergrundfarbe über.

Abb. 2.5 Verdeckung und atmosphärische Tiefe

Die *Bewegungsparallaxe* kann einen sehr starken Tiefeneindruck hervorrufen. Objekte, die dicht neben einer Straße stehen, scheinen sich aus dem Auto betrachtet schneller vorbei zu bewegen als weiter entfernte Bäume. Der *kinetische Tiefeneffekt* wird auch *rotational parallax* genannt. Weiter entfernte Objekte scheinen sich langsamer zu bewegen als Objekte, die sich näher beim Betrachter befinden.

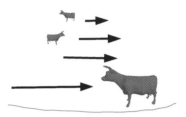

Abb. 2.6 Bewegungsparallaxe

Der Mensch und viele Tiere besitzen zwei nebeneinander liegende Augen, mit denen gleichzeitig derselbe Punkt im Raum angeschaut werden kann. Diese Anordnung der Augen ist wichtig; dadurch entsteht eine relativ große Überdeckung der beiden Gesichtsfelder. Jagende Tiere haben in der Regel überlappende Gesichtsfelder; Augen von Beutetieren haben meist außen am Kopf liegende Augen. Beutetiere verfügen über ein seitlich erweitertes Gesichtsfeld, aber einen kleinen Überlappungsbereich.

Erst relativ spät wurde erkannt, dass der Mensch über eine binokulare Tiefenwahrnehmung verfügt. Euklid weist um etwa 300 vor Christus darauf hin, dass wir mit zwei Augen unterschiedliche Bilder sehen. Sir Charles Wheatstone formulierte 1838 die These, dass Menschen über einen Tiefensinn verfügen, der auf dem beidäugigen Sehen beruht. Er erklärte sich dieses Phänomen damit, dass das menschliche Gehirn die beiden zweidimensionalen Bilder der Augen zu einem dreidimensionalen Bild verschmilzt. Diese so formulierten Gesetze der *Stereoskopie* ([31]) bilden die Grundlage der stereoskopischen Darstellung der räumlichen Tiefe in der Computergrafik.

Das durchschnittliche menschliche Gesichtsfeld hat einen horizontalen Überlappungsbereich von 120°, falls ein Objekt im

Unendlichen fixiert wird. Dabei gibt es zusätzlich an den Seiten monokulare Gesichtsfelder, die im Durchschnitt 35° abdecken ([32]). Wie groß der Überlappungsbereich ist, hängt vom Augenabstand ab, der *Interpupillaren Distanz* (*IPD*). Dieses Körpermaß ist offensichtlich ein individueller Wert. Angaben zu diesem Maß findet man in der DIN-Norm 33402-2 ([23]). Der Mittelwert für die IPD liegt danach bei 63 mm, das 5%-Perzentil liegt bei 52 mm, das 99%-Perzentil bei 72 mm.

Unter *Parallaxe* versteht man die Distanz zwischen korrespondierenden Bildpunkten auf der Netzhaut; sie wird meist in Millimetern gemessen. Durch den kleinen seitlichen Unterschied in den beiden Bildern, der Parallaxe, entsteht eine *Disparität* zwischen verschiedenen Punkten im Raum. Bis zu einer Entfernung von ungefähr 10 Metern kann diese Parallaxe vom Gehirn als räumliche Tiefeninformation interpretiert werden.

Abb. 2.7 Nullparallaxe

Abb. 2.8 Positive Parallaxe

Eine stereoskopische Anzeige ist in der Lage Parallaxewerte für Bildpunkte darzustellen. Dabei werden vier einfache Typen der Parallaxe unterschieden:

• Die Nullparallaxe wie in Abb. 2.7 tritt auf, wenn ein nahes Objekt betrachtet wird. Die Sichtachsen der beiden Augen kreuzen sich an diesem Objekt.

- Eine positive Parallaxe wie in Abb. 2.8 tritt in der realen Welt
  dann auf, wenn der Betrachter seine Augen auf ein sehr weit
  entferntes Objekt richtet. Dann schneiden sich die Sichtachsen beider Augen nicht, sie liegen parallel zueinander.
- Eine divergente Parallaxe ist eine Variation der positiven Parallaxe. Die Sichtachsen der Augen laufen auseinander. Diese
  Parallaxe tritt in der Realität nicht auf.
- Man spricht von negativer Parallaxe, falls sich die Sichtachsen der Augen schneiden.

Objekte mit Nullparallaxe scheinen „im Bildschirm" zu liegen.
Ist wie in Abb. 2.9 die Entfernung zwischen dem Beobachter
und der Bildebene durch D_s gegeben, dann ergeben sich die Projektionen eines Objektpunkts X wie in der Abbildung. Dabei
bezeichnet D_s den Abstand zwischen Beobachter und der Bildebene, d ist der Abstand zwischen dem Objektpunkt X und der
Bildebene. Die horizontale Parallaxe h_P ist dann durch

$$h_P = \text{IPD}\left(\frac{d}{D_s + d}\right). \qquad (2.1)$$

gegeben. D_s wird als Fixationsentfernung bezeichnet.

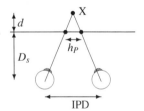

Abb. 2.9 Horizontale Parallaxe für einen Beobachter mit
Abstand D_s zur Bildebene

Die virtuelle Kamera in der Computergrafik ist durch das
Kamerakoordinatensystem definiert. Häufig werden die Achsen dieses rechtshändigen Koordinatensystems mit **u**, **v** und
n bezeichnet, um Verwechslungen zu vermeiden. Die Kamera

befindet sich in diesem Koordinatensystem im Koordinatenursprung. Die Koordinaten der Objekte oder Lichtquellen werden durch Koordinatentransformationen in dieses System abgebildet. In Abb. 2.10 ist das Kamerakoordinatensystem dargestellt. Die Bildebene ist die **uv**-Ebene.

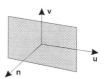

Abb. 2.10 Das Kamera-koordinatensystem in der Computergrafik

Für die Nutzung der Parallaxe in der Computergrafik benötigt man zwei virtuelle Kameras. Am einfachsten ist es, eine positive Parallaxe herzustellen. Man verschiebt die beiden Kameras aus dem Koordinatenursprung auf der **u**-Achse, jeweils um die halbe interpupillare Distanz. Dadurch erreicht man eine Fixation von weit entfernten Objekten. Häufiger wird der Fall auftreten, dass ein Objekt in der Szene fixiert werden soll, das im Vordergrund der Szene liegt. Dazu muss sicher gestellt werden, dass eine Nullparallaxe hergestellt wird. Neben der interpupillaren Distanz muss dafür auch der Abstand D_s des zu fixierenden Objekts von der Bildebene bekannt sein.

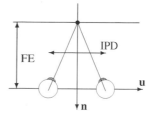

Abb. 2.11 Parameter für die Realisierung der Nullparallaxe im Kamerakoordinatensystem

Wir orientieren uns bei der weiteren Betrachtung am Kamerakoordinatensystem von OpenGL. Dann liegen die darzustellen-
den Objekte wie in Abb. 2.11 im negativen **n**-Bereich. Die beiden Kameras befinden sich an den Punkten $(-\frac{1}{2}\text{ IPD}, 0, 0)$ und
$(\frac{1}{2}\text{ IPD}, 0, 0)$. Wendet man eine Translation um $\pm\frac{1}{2}$ IPD an, dann
erhält man wie oben beschrieben eine positive Parallaxe. Noch
fehlt die Fixation auf den Punkt mit den Koordinaten $(0, 0, D_S)$.
Mit Hilfe einer Zielkamera ist diese Fixation herzustellen. Allerdings ist diese Lösung mit einem kleinen Fehler behaftet. Die
Zielkamera wird mit Hilfe von Translationen und Rotationen erzeugt. Die Kamera wird um den Fixationspunkt $(0, 0, D_S)$ rotiert.
Dadurch wird die Fixationsentfernung leicht verändert.

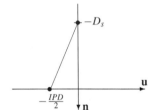

Abb. 2.12 Herleitung der
Scherung für das linke Auge

Die Lösung für dieses Problem ist die Verwendung einer
Scherung, eine „off-axis projection". Die Scherung in **n**-Richtung
muss den Projektionsvektor **p** auf die die negative **n**-Achse trans-
formieren:

$$\begin{pmatrix} 1 & 0 & \sigma_u \\ 0 & 1 & \sigma_v \\ 0 & 0 & 1 \end{pmatrix} \begin{pmatrix} -\dfrac{\text{IPD}}{2} \\ 0 \\ -D_s \end{pmatrix} = \begin{pmatrix} 0 \\ 0 \\ -D_s \end{pmatrix}. \tag{2.2}$$

Aus Gleichung 2.2 erhält man zwei Gleichungen für die beiden
Unbekannten σ_u und σ_v; als Endergebnis ist die Scherung S_l für
das linke Auge durch

$$S_l = \begin{pmatrix} 1 & 0 & -\frac{\text{IPD}}{2D_s} \\ 0 & 1 & 0 \\ 0 & 0 & 1 \end{pmatrix} \qquad (2.3)$$

gegeben. Analog erhält man die Scherung S_r für das rechte Auge. Details zur weiteren Realisierung in OpenGL findet man in [41].

Bei der Ausgabe von stereoskopischen Darstellungen müssen die für das linke und rechte Auge erzeugten Bilder getrennt werden. Um dies durchzuführen, gibt es mehrere Möglichkeiten.

Die einfachste Lösung ist die Verwendung von Anaglyphen. Dazu tragen die Benutzer Brillen, die mit verschiedenen Farbfiltern versehen sind. Verwendet werden häufig *Rot-Blau-* oder *Rot-Grün-Brillen*. Damit ist gemeint, dass für das linke Auge ein roter und für das rechte Auge ein blauer beziehungsweise grüner Filter verwendet wird. Das Bild für das linke Auge wird mit roten Farbtönen dargestellt; das rechte Bild mit blauen beziehungsweise grünen Farben. Die Filter lassen nur die entsprechenden Signale durch, so dass damit die Trennung der beiden Bilder realisiert wird.

Diese Methode ist schon seit langem bekannt, auch im Kino und im Fernsehen wurde mit Anaglyphen experimentiert. Die benötigten Brillen sind sehr preisgünstig herzustellen, man benötigt für diese Methode keine speziellen Monitore oder Projektoren. Die Grafiksoftware unterstützt die Ausgabe der einzelnen Farbkanäle, so dass in den Anwendungen keine großen Änderungen nötig sind. Der große Nachteil der Methode ist natürlich der Verlust der Farbe in der Wahrnehmung, da zwei Farben für die Trennung der beiden Bilder verwendet werden. Neben der Verwendung von Anaglyphen an einem Desktop-Monitor kann diese Technik auch in einer Umgebung eingesetzt werden, bei der grafische Ausgabe mit Hilfe von Projektoren erzeugt wird.

Eine Alternative zu der Anaglyphen-Technik ist die Verwendung von Polarisationsfiltern. Dafür benötigt man allerdings zwei
Projektoren für die Stereo-Signale. Das Bild, das die Projektoren
erzeugen, wird entsprechend gefiltert. In einer Brille sind pas-
sende Filter angebracht, so dass in den Augen die jeweiligen Bilder ankommen. Neben linearen Filtern, die für die Trennung der
beiden Bilder horizontal und vertikal polarisiertes Licht verwenden, werden zirkulare Filter eingesetzt, die eine bessere Qualität
bieten. Vorteil der Polarisationsfilter gegenüber den Anaglyphen
ist, dass keine Farbinformationen verloren gehen. Die Projektoren müssen allerdings exakt ausgerichtet werden.

Methoden wie Anaglyphen oder Polarisationsfilter werden
als passive Stereo-Projektion bezeichnet. Beide Bilder werden
permanent dargestellt und mit Hilfe von optischen Filtern wieder
getrennt. Abbildung 2.14 zeigt das Prinzip einer passiven Projektion, die mit Hilfe zweier Projektoren und Polarisationsfilter
arbeitet.

Aktive Projektionen verwenden spezielle Brillen, sogenannte Shutter-Glasses und Projektoren oder Monitore, die eine hohe Bildwiederholrate von 100 bis 120 Hz aufweisen. Die Bilder für das linke und rechte Auge werden dabei abwechselnd
dargestellt. Die Brille ist mit der Projektion über einen Infrarot-
Emitter gekoppelt. Wird das linke Bild dargestellt, wird das rechte „Glas" undurchsichtig und umgekehrt. Voraussetzung dafür ist
eine freie Sicht zwischen Benutzer und Emitter. In Abb. 2.15 ist
ein Modell einer Brille für die aktive Stereo-Projektion dargestellt. Im Gegensatz zu Anaglyphen- oder Brillen mit Polarisationsfiltern sind diese Brillen deutlich teurer. Die Qualität der

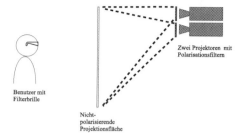

Zwei Projektoren mit
Polarisationsfiltern

Benutzer mit
Filterbrille

Nicht-
polarisierende
Projektionsfläche

Abb. 2.14 Prinzipdarstellung einer passiven Stereo-Projektion mit Polarisationsfiltern

Ausgabe und der Trennung der beiden Signale ist dafür auch deutlich besser.

Abb. 2.15 Ein Shutter-Glass mit zugehörigen Emitter (Bild mit freundlicher Genehmigung von vrlogic)

Nachteil der aktiven Projektion sind die hohen Kosten für einen Projektor, der eine hohe Bildwiederholfrequenz besitzt. Dabei muss insbesondere der Grün-Anteil der Projektion sehr schnell sein, was nicht jeder Projektor aufweist. In Abb. 2.16 ist das Prinzip nochmals dargestellt.

Ein *Head-Mounted-Display* oder *HMD* wie in Abb. 2.17 ist ein Gerät, in das zwei kleine LCD-Bildschirme eingebaut sind. Diese Bildschirme erhalten die Signale für das linke und rech-

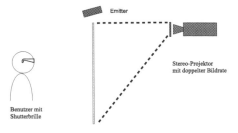

Abb. 2.16 Prinzipdarstellung einer aktiven Stereo-Projektion.

te Auge und sind wie Monitore mit der Grafik-Ausgabe eines
Computers verbunden.

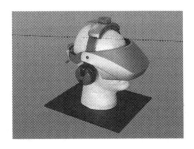

Abb. 2.17 Ein Head-
Mounted-Display (Bild mit
freundlicher Genehmigung
von www.5DT.com)

HMDs waren die ersten Geräte für die Darstellung von stereoskopischen Darstellungen. In den achtziger und neunziger Jahren waren die Helme sperrig und sehr schwer. Inzwischen gibt
es eine Reihe von preisgünstigen Produkten. Allerdings werden
die HMDs nicht mehr so häufig eingesetzt wie noch vor einigen
Jahren. Durch die Kopplung mit einer Positionsverfolgung und
Audio-Kopfhörern ist eine hohe Immersion erreichbar. Die visuelle und die akustische Wahrnehmung des Benutzers ist vollkommen von der Außenwelt abgeschnitten. Ein Nachteil eines

HMD liegt insbesondere darin, dass eine gleichzeitige Nutzung der Anwendung durch mehrere Benutzer nicht möglich ist.

2.3.2 Akustische Ausgabe

Neben dem Auge spielt das menschliche Ohr für die Wahrnehmung unserer Umwelt eine große Rolle. Schallwellen liefern Informationen über die Umgebung, mit deren Hilfe Entfernungen und Winkel rekonstruiert werden können.

Ton und Bild müssen gut übereinstimmen, um beim Benutzer keine Verwirrung hervorzurufen. Die Übereinstimmung zwischen visuellen und akustischen Eindrücken ist für das Verständnis wichtiger als die Klarheit des akustischen Eindrucks für sich alleine. Die gemeinsame Verwendung visueller und akustischer Reize verstärkt das Gefühl der Immersion ungemein.

Es gibt große Unterschiede zwischen visueller und akustischer Wahrnehmung, die man beim Einsatz von Tönen beachten sollte. Das Ohr lässt sich nicht verschließen und liefert fortwährend Information an der Gehirn. Die Wahrnehmung erfolgt oft unbewusst. Deshalb sollten Töne selektiv verwendet werden; eine Kaufhaus-Berieselung in einer VR-Anwendung macht keinen Sinn. Das Ohr hört im Gegensatz zum eingeschränkten Sichtbereich alle Töne im ganzen Raum. Drehen wir einem Objekt den Rücken zu, sehen wir dieses Objekt nicht mehr. Aber wir hören es nach wie vor.

Mit Tönen können insbesondere Positionen sehr gut lokalisiert werden. Auch die genaue Beurteilung von zeitgebundenen Vorgängen ist mit Hilfe von akustischer Wahrnehmung hervorragend möglich. Wie bei der visuellen Wahrnehmung gibt es auch beim Hören eine „vertraute Größe". Die Lautstärke gibt wichtige Hinweise auf die Entfernung der Schallquelle. Diese absolute Intensität kann nur dann zur Bestimmung der Distanz verwendet

werden, wenn der Schall vorher identifiziert wurde. Wir haben
eine Abschätzung, wie laut beispielsweise Hundegebell ist, und
schätzen mit dieser Information, wie weit ein Hund von uns entfernt ist. Dies gelingt bei künstlichen oder unbekannten Tönen
wie Sinustönen nicht.

Für die Bestimmung der Orientierung einer Schallquelle relativ zum menschlichen Kopf ist der durch den Kopf verursachte
Schallschatten relevant. Kommt der Schall von rechts, dann hört
ihn das rechte Ohr lauter und früher als das linke. Dieser Effekt
ist abhängig von der Frequenz des Schalls. Für tiefe Frequenzen
stellt der Kopf kein Hindernis dar, diese Frequenzen erreichen
beide Ohren mit gleicher Lautstärke. Hohe Frequenzen werden
gedämpft und erscheinen auf der dem Schall abgewandten Seite
mit kleinerer Amplitude.

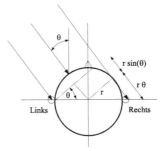

Abb. 2.18 Berechnung
der Laufzeitdifferenz für
einen kreisförmigen Kopf in
Abhängigkeit vom Winkel
θ zur Symmetrieebene zwi-
schen dem linken und rechten
Ohr

In Abb. 2.18 ist ein kreisförmiger Kopf mit Radius r dargestellt. Die Schallwellen, die mit einem Winkel von θ zur Symmetrieebene zwischen den beiden Ohren auftreffen, legen bis
zum rechten Ohr einen größeren Weg zurück als zum linken Ohr.
Die Differenz Δs berechnet sich als

$$\Delta s = r\sin\left(\theta\right) + r\,\theta. \qquad (2.4)$$

Die Laufzeitdifferenz Δt ist dann durch

$$\Delta t = \frac{\Delta s}{c} = \frac{r}{c}\left(\sin\left(\theta\right) + \theta\right) \qquad (2.5)$$

gegeben. Dabei ist $c = 344\ \mathrm{ms}^{-1}$ in Gleichung (2.5) die Schallgeschwindigkeit in der Luft.

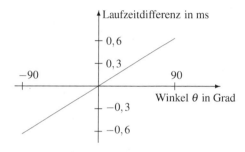

Abb. 2.19 Die Laufzeitdifferenz für einen kugelförmigen Kopf nach Gleichung (2.5) für $r = 85$ mm

Abbildung 2.19 zeigt die durch Gleichung (2.5) gegebene Laufzeitdifferenz unabhängig von der Frequenz. Für Töne um rund 200 Hz ist ein Unterschied in der Amplitude praktisch nicht wahrnehmbar. Bei 6 000 Hz beträgt der Unterschied für $\theta = 90\,^{\circ}$, wenn der Ton genau von der Seite kommt, fast 20 dB ([61]).

Im menschlichen Ohr werden die Frequenzen des empfangenen Schalls weiter verändert. Auch die Form der Ohrmuscheln, ein offensichtlich individuelles Merkmal, verändert das Hörempfinden und die Lokalisation einer Schallquelle ([51]). Insgesamt erhält man eine *head-related transfer function*, abgekürzt HRTF. Die HRTF wird meist für Schallquellen gemessen, die mehr als 1 m vom Kopf entfernt sind. Dann ist die HRTF eine Funktion von drei Variablen. Die Position der Schallquelle wird mit Hilfe von Kugelkoordinaten relativ zum Kopf definiert, die dritte Variable ist die verwendete Frequenz.

Ist die HRTF für die beiden Kugelkoordinaten und die Frequenzbereiche gemessen, können Audio-Signale mit einer räumlichen Tiefe erzeugt werden. Allerdings ist diese Synthese sehr rechenaufwändig und erfordert spezielle Hardware wie das *Convolvotron* ([19], [33]).

Wichtig für die korrekte Lokalisierung der Schallwellen ist darüber hinaus die korrekte Simulation der Umgebung. Befinden wir uns in einer virtuellen Kathedrale, dann müssen die Töne, die dort gehört werden, auch zu dieser Umgebung passen. Echos oder andere Reflexionseigenschaften der Umgebung müssen berücksichtigt werden. Dazu kann man die Impulsantwort des Raumes verwenden, wie in [45] beschrieben.

Eine Möglichkeit für die Ausgabe von Tönen ist die Verwendung von Stereo-Kopfhörern. Diese können durch Kabel mit einem Audio-Ausgang verbunden sein; besser ist die Verwendung von kabellosen Geräten. Ist die Position der Schallquelle und des Hörers bekannt, kann die Amplitude und die Lage der Töne entsprechend angepasst werden. Da nur ein Stereopanorama zur Verfügung steht, ist es insbesondere schwierig, die exakte räumliche Lage der Schallquelle zu simulieren. Der Vorteil dieser Lösung sind die geringen Kosten.

Eine Alternative zur Verwendung von Kopfhörern ist ein Surround-Sound System. Diese Systeme sind inzwischen ebenfalls relativ kostengünstig. Formate wie Dolby Digital Surround oder Digital Theatre Systems (DTS) verwenden ein 5.1 Surround Format. Dabei macht man sich zu Nutze, dass die räumliche Position der tiefen Frequenzen nicht wahrgenommen wird. Der 0.1-Lautsprecher, der *Subwoofer*, ist für die Reproduktion dieser tiefen Frequenzen zuständig. Für die Frequenzen, für die eine Lokalisierung beim Hören möglich ist, werden 5 Lautsprecher verwendet. Der *Center*-Lautsprecher ist dabei insbesondere für die Sprache verantwortlich. In Abb. 2.20 ist eine typische Aufstellung für die 5 Surround-Lautsprecher dargestellt.

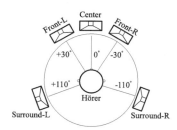

Abb. 2.20 Anordnung der Lautsprecher für ein 5.1-System. Die Position des 0.1-Lautsprechers für die tiefen Frequenzen ist beliebig

Neuere Surround-Sound Systeme sind beispielsweise das *Dolby Digital Surround EX*-System, ein 6.1-System. Hier kommt ein weiterer Lautsprecher, hinter dem Hörer, hinzu. Das *Sony Dynamic Digital Sound*-System ist ein 7.1-System. Hier werden zu einem 5.1-System zwei weiterer Lautsprecher zwischen Center- und den beiden seitlichen Lautsprechern hinzugefügt.

Soundkarten aus dem Consumer-Bereich bieten heute 5.1 bis hin zu 7.1-Systeme. Wichtig ist die Unterstützung von APIs für die Programmierung von Ton-Effekten. Soundkarten, die die *Environmental Audio Extensions* (EAX) unterstützen, sind in der Lage, gleichzeitig bis zu 128 Schallquellen auszugeben. Dabei kann jedes Signal mit bis zu vier Effekten wie Hall oder Echo bearbeitet werden.

2.3.3 Positionsverfolgung

In den letzten beiden Abschnitten haben wir die visuelle und akustische Wahrnehmung der räumlichen Tiefe betrachtet. Ganz entscheidend für diese Technik ist, dass der VR-Anwendung zu

jeder Zeit die räumliche Position und Orientierung des Benutzers
bekannt ist. Dafür ist die *Positionsverfolgung* oder „*Tracking*"
zuständig. Damit wird die Position und Orientierung von Benutzern oder Geräten bestimmt.

Es gibt keine optimale Methode für diese Aufgabe; beim Aufbau eines Systems muss meist ein Kompromiss zwischen der er-
reichbaren Messgenauigkeit, der Datenrate und den Kosten gefunden werden. *Tracker* wurden unabhängig von Anwendungen
in der virtuellen Realität entwickelt. Häufig werden sie im Motion Capturing verwendet, als Eingabegeräte für die Erstellung
von Computer-Animationen. Andere Einsatzgebiete sind Bewe-
gungsanalysen in der Sportwissenschaft und in der Medizin. In
[11, 37, 62] findet man einen Überblick über die Positionsermittlung von Objekten.

Die Ausgabe des Tracking ist eine homogene Matrix, in
der neben der Position auch die Orientierung des verfolgten
Objekts enthalten ist. Aus diesen Informationen kann die VR-
Anwendung die Position von Auge und Blickrichtung ermitteln.
Bewegt der Anwender seinen Kopf, kann so die dargestellte Sze-
ne angepasst werden.

Für die Positionsermittlung gibt es eine ganze Reihe von unterschiedlichen Lösungen. Mechanische Geräte wurden schon
von Sutherland verwendet. Eine Mechanik mit einer Reihe von
Kugelgelenken ist mit dem zu verfolgenden Objekt verbunden.
Mit Hilfe von Kinematik-Berechnungen können die sechs Freiheitsgrade des Endeffektors bestimmt werden. Die mechanische
Positionsermittlung ist schnell, 300 Hz sind erreichbar. Die Standardabweichung für die Position liegt bei knapp $0,3$ mm. Nachteil ist der durch die Mechanik eingeschränkte Messbereich;
auch die Kosten sind relativ hoch. Es ist fast unmöglich, mehr als
einen Punkt zu verfolgen. Der größte Nachteil ist die mechanische Verbindung zwischen Tracker und dem verfolgten Gegenstand, beispielsweise dem Kopf. Dies schränkt die Beweglich-

keit des Benutzers ein. Einen typischen Vertreter dieser Geräte war der Fakespace Boom, der in Abb. 2.21 zu sehen ist.

Abb. 2.21 Ein Fakespace Boom (Bild mit freundlicher Genehmigung von Fakespace Labs)

Sehr weit verbreitet ist die Verwendung von elektro-magnetischen Anlagen. Ein Transmitter erzeugt über drei orthogonal angeordnete Spulen ein Magnetfeld. Die Empfänger enthalten ebenfalls drei orthogonal angeordnete Spulen, die als Antennen dienen. Die empfangene Signalstärke ist abhängig von der Orientierung der Empfänger-Spulen im Vergleich zu den Spulen im Transmitter. Zugleich wird das in den Empfängern eingehende Signal mit zunehmendem Abstand zum Transmitter schwächer. Auf diese Weise können alle sechs Freiheitsgrade eines Objekts bestimmt werden.

Die meisten Geräte auf elektro-magnetischer Basis verbinden Sender und Empfänger mit Hilfe von Kabeln, was die Bewegung der Benutzer leicht einschränkt. Inzwischen sind auch Geräte auf

dem Markt, die „wireless", also ohne Verkabelung, arbeiten. Es
gibt Geräte, die eine fast unbeschränkte Anzahl von Empfängern
verfolgen können; diese werden häufig im Motion-Capturing
für Filmproduktionen eingesetzt. Ein wesentlicher Vorteil dieser Methode ist, dass keine freie Sicht zwischen Sender und
Empfänger nötig ist. Für die erreichbare Genauigkeit findet man
Angaben einer Standardabweichung von $1,8$ mm für die Position und $0,5°$ für die Orientierung. Dabei sind Abtastraten von
über 100 Hz erreichbar.

Der Einsatz von elektro-magnetischen Systemen ist nur eingeschränkt möglich, wenn metallische Gegenstände in der Umgebung vorhanden sind. Eine andere Einschränkung ist die Reichweite der erzeugten Magnetfelder. Die Empfänger arbeiten in
Entfernungen bis ungefähr 10 m, abhängig vom gewählten Modell. Andere Magnetfelder in der Umgebung können die Positionsermittlung empfindlich stören.

Optische Tracking-Systeme arbeiten mit reflektierenden Markierungen, pulsierenden Lichtquellen und hochauflösenden Kameras. Aus der Position der Markierungen auf den empfangenen Bildern und der relativen Positionierung der Kameras zueinander wird mit Hilfe von Bildverarbeitung die Position und
Orientierung der Markierungen im Raum bestimmt. Mit optischen Systemen kann eine sehr hohe Genauigkeit erreicht werden. Die Abweichung bei optischen Trackern liegt unter $0,5$ mm.
Dafür liegen die Anschaffungskosten beim Zehnfachen dessen
für elektro-magnetische Tracker.

Es muss sicher gestellt sein, dass jede Markierung zu jedem
Zeitpunkt von mindestens zwei Kameras erfasst werden kann.
Aus diesem Grund ist eine größere Anzahl von hochwertigen
Kameras notwendig. Auf Grund der Bildverarbeitung ist darüber
hinaus eine hohe Rechenleistung erforderlich. Um den nötigen
Kontrast zu gewährleisten, muss die Szene möglichst hell sein.
Eine Alternative zu einer hellen Umgebung sind Infrarot-Geräte.
Allerdings sind hohe Anschaffungskosten zu erwarten und es

muss darauf geachtet werden, dass weitere Infrarot-Geräte wie Fernsteuerungen nicht in der Funktionalität gestört werden.

Bei akustischen Tracking-Systemen werden drei Ultraschall-Lautsprecher als Transmitter eingesetzt. Die Empfänger bestehen aus drei Mikrofonen. Die Positionsermittlung basiert darauf, dass die Schallgeschwindigkeit für eine bekannte Raumtemperatur konstant ist. Die Lautsprecher werden sequentiell aktiviert; anschließend wird der Abstand zu den drei Mikrofonen gemessen. Diese Messdaten werden trianguliert und damit die Position und Orientierung berechnet.

Die Verwendung von Ultraschall-Systemen ist mit relativ niedrigen Kosten verbunden. Allerdings ist nur eine beschränkte Anzahl von Empfängern möglich, für die Mindestabstände eingehalten werden müssen. Wie für die optischen Verfahren muss zwischen Transmittern und Empfängern eine freie Sicht herrschen oder eine entsprechend große Anzahl von Sendern verwendet werden. Nicht zu unterschätzen sind Störungen durch Hintergrundgeräusche.

2.3.4 Handsteuergeräte

Neben der Positionsermittlung werden in der virtuellen Realität weitere Eingabegeräte eingesetzt. Sehr häufig wird Hardware verwendet, die von der aus den Desktop-Anwendungen bekannten Maus abstammen. Häufigster Vertreter sind sogenannte 3D-Mäuse. Mit diesen Geräten wird es möglich, die Orientierung von virtuellen Objekten intuitiv zu kontrollieren. Allerdings sind auch diese Geräte für den tischgebundenen Einsatz konzipiert. Bei der Navigation mit Hilfe einer 3D-Maus verwendet man häufig eine Cart- oder Flying-Carpet-Metapher. Der Benutzer verwendet die sechs Freiheitsgrade, um den „fliegenden Teppich" in der Szene zu steuern.

Eine VR-Anwendung findet in der Regel nicht am Desktop statt. Deshalb werden Handsteuergeräte verwendet, deren Position und Orientierung mit Hilfe von Tracking verfolgt wird. Sehr häufig werden einfache Zeigegeräte eingesetzt. Im englischen Sprachraum findet man dafür die Bezeichnung „flying joystick" oder „wand", was wörtlich mit Zauberstab übersetzt werden kann. Meist sind auch eine Reihe von Tasten und Drehreglern angebracht, die mit der Anwendung verbunden werden. Abbildung 2.22 zeigt ein modernes Zeigegerät.

Abb. 2.22 Ein Zeigegerät (Bild mit freundlicher Genehmigung von Ascension (www.ascension-tech.com))

2.3.5 Taktile Ein- und Ausgabe

Keine andere Hardware wird so mit der virtuellen Realität in Verbindung gebracht wie der *Datenhandschuh* oder *data glove*. Entwickelt wurde der Datenhandschuh von Jaron Lanier. Er verfolgte ursprünglich das Ziel, eine neuartige Eingabe für eine visuelle Programmierumgebung zu schaffen. Bald stellte sich heraus, dass das Gerät auch in den ersten VR-Anwendungen bei NASA Ames verwendet werden konnte. Der Datenhandschuh schaffte es im Jahr 1987 sogar auf das Cover des Scientific American.

Die Position und Orientierung des Datenhandschuhs kann mit den in Abschnitt 2.3.3 beschriebenen Methoden verfolgt werden.

Darüber hinaus enthält der Handschuh Sensoren, mit denen Gesten und die Haltung der Finger erfasst werden. Ein typischer Einsatz für den Datenhandschuh ist die Steuerung einer Anwendung mit Hilfe von Gestenerkennung. Abbildung 2.23 zeigt einen aktuellen Datenhandschuh.

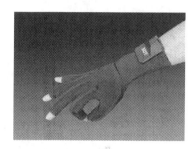

Abb. 2.23 Der 5DT Data Glove (Bild mit freundlicher Genehmigung von www.5DT.com)

Eine Weiterentwicklung des Datenhandschuhs ist ein Handschuh, der neben Sensoren auch Aktoren aufweist. Damit wird es möglich, taktile Rückmeldungen an die Benutzer zu geben. Man spricht dann von „force feedback". Auf diese Weise kann den Benutzern das Gefühl vermittelt werden, einen Gegenstand zu berühren oder mit ihm zu kollidieren.

Neben dem Datenhandschuh gibt es auch ganze Datenanzüge, sogenannte „body suits". Diese haben sich für die Anwendung in der virtuellen Realität nicht durchgesetzt. Sie werden häufig im Bereich des Motion Capturing für die Definition von Computer-Animationen eingesetzt.

Für Einbau-Untersuchungen oder andere Anwendungen kann ein Gerät wie in Abb. 2.24 eingesetzt werden. Der Benutzer steuert den Endeffektor einer kinematischen Kette. Dabei kann die Position und Orientierung des Endeffektors verfolgt werden. Über den Treiber für das Gerät wird der Widerstand bei der Bewegung des Geräts gesteuert. Dadurch wird es möglich Kollisionen fühlbar zu machen. Solche Geräte werden häufig in der

Abb. 2.24 Ein SensAble
PHANTOM 1.5 (Bild mit
freundlicher Genehmigung
von SensAble Technologies)

Ausbildung in der Medizin eingesetzt, um Operationen zu trainieren.

2.3.6 Spracherkennung

Der Einsatz der Spracherkennung ist natürlich nicht auf die virtuelle Realität beschränkt. Trotzdem leuchtet es ein, dass die Steuerung durch Sprache auch in einer VR-Anwendung Sinn macht. Probleme, die dabei auftreten sind, genauso wie bei Desktop-Anwendungen, die Sicherheit und Fehlerrate bei der Erkennung der Befehle.

Die Benutzer müssen die Syntax der durch Sprache eingegebenen Befehle kennen. Damit ist die Spracherkennung mit Befehlen auf der Konsole zu vergleichen. Das entspricht nicht unbedingt dem Paradigma der voraussetzungslosen Benutzung der Anwendung. Sollen mehrere Anwender das System verwenden, dann sollte die Erkennung möglichst ohne Training auf die jeweilige Stimme möglich sein. Auch Hintergrundgeräusche stellen häufig ein größeres Problem bei der Anwendung dar.

2.4 VR-Systeme

Ein minimales VR-System benötigt einen Computer und die Möglichkeit einer stereoskopischen grafischen Ausgabe. Ob Audio oder ein Datenhandschuh verwendet werden, hängt vor allem von der Anwendung ab. Da die Anwendung und insbesondere die Forderung der Echtzeit-Fähigkeit sehr leistungsfähige Prozessoren erforderlich macht, werden häufig verteilte Anwendungen in einem PC-Cluster realisiert.

Die Kategorien, die man für VR-Systeme bilden kann, werden vor allem durch die eingesetzte Technik für die grafische Ausgabe definiert. Die ersten VR-Anwendungen verwendeten ein Head-Mounted-Display. Daneben gab es sehr früh die sogenannte *Fish-Tank*-VR, bei der die grafische Ausgabe mit Hilfe konventioneller Monitore erfolgte. Mit Beginn der neunziger Jahre des letzten Jahrhunderts werden VR-Anwendungen vor allem mit Hilfe von Projektoren und Leinwänden realisiert.

Eine andere Möglichkeit der Kategorisierung sind die Begriffe *inside-out-* und *outside-in*. Eine *outside-in*-Anwendung stellt ein Fenster zur Verfügung, durch das wir in die virtuelle Welt sehen. Eine Anwendung ist *inside-out*, falls wir uns scheinbar in der virtuellen Welt befinden und in die reale Welt heraus sehen können.

Die klassische VR-Anwendung verwendet ein HMD, das mit einen Computer verbunden ist. Mit Hilfe von Positionsverfolgung kann sich der Benutzer in der virtuellen Umgebung bewegen. Audio-Informationen können ebenfalls verwendet werden, in fast allen HMDs sind Kopfhörer eingebaut. Die Immersion bei der Verwendung von HMDs ist sehr groß, die Wahrnehmung der realen Welt kann vollkommen ausgeblendet werden. Dies führt bei manchen Benutzern auch zu Unwohlsein, da vertraute Wahrnehmungen gänzlich fehlen.

Inzwischen gibt es sogenannte „see-through"-Geräte. Damit
sind Displays gemeint die semi-transparent sind. Damit können
„augmented reality"-Anwendungen realisiert werden. Die mit
Hilfe der Computergrafik ausgegebenen Objekte werden in die
reale Umgebung integriert. Eine Anwendung dieser Technik ist
die Unterstützung bei der Wartung von komplexen Geräten und
der Einsatz in der Medizin. Damit werden inside-out Anwendungen möglich.

Erfordert eine VR-Anwendung viele Bewegungen in der virtuellen Welt und eine gute räumliche Orientierung, dann sind
Lösungen auf HMD-Basis sehr gut geeignet. Man kann durch
eine virtuelle Umgebung zu Fuß navigieren, im wahrsten Sinne
des Wortes. Man ist hier nur durch die Reichweite der Positionsverfolgung eingeschränkt. Der große Nachteil einer HMD-
Anwendung ist, dass es fast unmöglich ist, die virtuelle Umgebung gemeinsam mit anderen Benutzern zu erfahren.

Der Begriff *Fish Tank* VR wurde von Colin Ware in [58] und
[59] geprägt. Damit wird ein System bezeichnet, das für die grafische Ausgabe einen Monitor verwendet. Für die stereoskopische Ausgabe wird aktive oder passive Stereografik eingesetzt.
Als Eingabegeräte kommen die Tastatur, die Maus und eine 3D-
Maus zum Einsatz. Häufig wird auch ein taktiles Gerät verwendet, das über den Endeffektor zu steuern ist. In Abb. 2.24 auf
Seite 36 ist eine solche Konfiguration zu sehen.

Eine derartige Anwendung kann mit einem Aquarium vergli-
chen werden, in dem eine virtuelle Welt existiert, daher die Na-
mensgebung. Fish Tank VR ist also eine outside-in Lösung. Beschränkt man sich auf die Stereografik, dann stellt diese Lösung
einen Einstieg in VR dar, der mit relativ geringen Kosten be-
werkstelligt werden kann. Empirische Untersuchungen ([44, 60])
zeigen, dass Fish Tank VR sehr gut für die Untersuchung von ab-
strakten und komplexen Strukturen geeignet ist.

Seit Beginn der neunziger Jahre werden vor allem Projektoren für die grafische Ausgabe verwendet. Die dafür benötig-

ten Projektoren müssen eine hohe Auflösung und eine möglichst
hohe Bildwiederholfrequenz aufweisen. Zusätzlich wird fast immer eine Rückprojektion eingesetzt. Damit ist gemeint, dass sich
der Projektor auf der Rückseite einer semi-transparenten Leinwand befindet. Damit wird vermieden, dass die Projektion durch
die Anwender verdeckt wird. Prinzipiell ist aber auch eine Front-
projektion denkbar. Mit passiver oder aktiver Technik ist eine
Stereo-Ausgabe möglich, wie für einen Monitor. Dazu kommen
Audio und Handsteuergeräte. Die Position eines Benutzers und
andere Geräte werden mit Hilfe von Positionsverfolgung über-
wacht. Diese Systeme stellen inzwischen den Stand der Technik dar. Am häufigsten werden Systeme eingesetzt, die den 1992
vorgestellten CAVE ([21, 20]) nachempfinden.

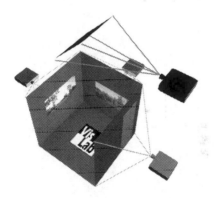

Abb. 2.25 Prinzipdarstellung eines vierseitigen CAVE

Bei der Entwicklung des CAVE stand der Wunsch nach einer VR-Umgebung im Vordergrund, die von mehreren Benut-

zern gleichzeitig verwendet werden kann. Durch die Verwendung von mehreren Leinwänden ist ein großes Sichtfeld für die Benutzer realisierbar. Reale Gegenstände sind problemlos in die Anwendung integrierbar. Die ersten Installationen eines CAVE verwendeten wie in Abb. 2.25 dargestellt vier Leinwände, für vier Seiten eines Würfels. Man spricht in diesem Fall von einem *C4*. Durch die drastisch gesunkenen Kosten für Projektoren und Hardware existieren inzwischen auch *C6*-Lösungen, bei denen auf alle sechs Seiten eines Würfels projiziert wird. Haben die Projektoren eine hohe Bildwiederholfrequenz, reicht ein Projektor je Seite aus. Emitter für die aktiven Stereobrillen sorgen für die benötigte Synchronisation. Verwendet man passive Stereografik dann werden für jede Seite zwei Projektoren benötigt, die mit Polarisationsfiltern versehen und so eingerichtet sind, dass die Bilder auf der Leinwand deckungsgleich sind. Der Vorteil dieser Technik ist, dass an die Projektoren nicht ganz so hohe Forderungen gestellt werden müssen, was die Bildwiederholfrequenz angeht. Für einen C6, der mit passiver Stereografik betrieben werden soll, werden also 12 Projektoren benötigt.

Durch die Verwendung eines PC-Clusters und einer großen Menge von Projektoren können extrem hohe Auflösungen auf einer großen Fläche realisiert werden. Dazu teilt man das Bild in einzelne Kacheln auf, die jeweils von einem Projektor angezeigt werden. Um die Justierung der Projektoren zu erleichtern, erhält jede Kachel einen Rand von einigen Pixeln. Die Farben für die Randpixel werden so gewählt, dass aus der Überlagerung das gewünschte Endergebnis resultiert. Verwendet man vier Projektoren wie in Abb. 2.26 und eine Auflösung von $1\,280 \times 1\,024$ Pixeln und einen Rand von jeweils 10 Pixeln, dann ist damit eine Auflösung von $2\,250 \times 2\,038$ Pixeln erreichbar. Man spricht in diesem Fall von einer Powerwall. Ebenfalls möglich sind zylindrische Projektionen, bei denen die grafische Ausgabe auf einem Teil eines großen Zylindermantels erscheint. Dafür müssen die Projektoren entsprechend angeordnet und die projizierten Bilder

vorher so verzerrt werden, dass das sichtbare Ergebnisse wieder
korrekt ist.

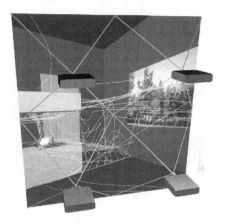

Abb. 2.26 Prinzipdarstellung einer Powerwall mit vier Projektoren

Man kann die Leinwände und die Projektoren natürlich auch
so anordnen, dass die Benutzer auf einem Tisch oder einer virtuellen Werkbank zu arbeiten scheinen. Diese Konfiguration ist
hervorragend für die gemeinsame Arbeit an einem Objekt geeignet. Angelehnt an die Werkbank-Metapher werden solche
Lösungen als *Virtual Workbench* oder *Holobench* bezeichnet. In
Abb. 2.27 ist eine solche Lösung dargestellt.

Abb. 2.27 Eine Workbench im Einsatz (Bild mit freundlicher Genehmigung von NASA Ames Research Center)

2.5 Aufgaben

2.1. Parallaxen Erstellen Sie analog zu den Abb. 2.7 und 2.8 Skizzen, die eine divergente und eine negative Parallaxe visualisieren.

2.2. Wahrnehmung der Parallaxen Überzeugen Sie sich von den auf Seite 17 beschriebenen Parallaxen durch die folgenden Experimente:
(a) Nullparallaxe: Halten Sie Ihren Daumen vor Ihr Gesicht und fixieren Sie den Daumen.
(b) Divergente Parallaxe: Halten Sie Ihren Daumen rund 30 cm vor die Augen und fixieren Sie ihn. Versuchen Sie jetzt, ohne die Fixation des Daumens aufzuheben, weiter entfernte Objekte zu betrachten.

2.3. Vertikale und horizontale Parallaxen Erstellen Sie analog zu der Herleitung in Gleichung 2.3 auf Seite 21 die Scherung für den Fall, dass auch eine vertikale Parallaxe auftritt. Damit ist der Fall gemeint, dass der Verbindungsvektor zwischen linkem und rechten Auge nicht parallel zur **u**-Achse verläuft!

2.4. Prinzipdarstellung einer Holobench Erstellen Sie eine Prinzipdarstellung einer Holobench!

2.5. Do-it-Yourself Stereografik Implementieren Sie eine stereoskopische Darstellung mit Hilfe der in Abschnitt 2.3 hergeleiteten Scherung in OpenGL!

Kapitel 3
Software-Entwicklung für die virtuelle Realität

VR-Anwendungen werden häufig exakt auf die vorhandene Konfiguration zugeschnitten. Kriterien wie Portierbarkeit oder die Integration von neuer Hardware stehen erst an zweiter Stelle. Es gibt allerdings seit einiger Zeit Frameworks, die eine generische Anwendungsentwicklung erlauben. Damit sind wir in der Lage, uns auf die Entwicklung der Anwendung zu konzentrieren, ohne bereits beim Design Kompromisse schließen zu müssen. Über allen anderen Anforderungen an ein solches Framework steht natürlich die Performanz. Immersion kann nur dann eintreten, wenn die Anwendung in Echtzeit auf Interaktionen reagiert. Maßstäbe für Performanz sind Bildwiederholfrequenz und Latenzzeiten; aber auch die effiziente Nutzung der vorhandenen Hardware. Für den produktiven Einsatz muss das Framework robust und zuverlässig arbeiten. Wie immer in der Informatik ist auch VR von einer ständigen Weiterentwicklung geprägt. Die immer weiter steigende Leistungsfähigkeit von CPU und GPU bieten Möglichkeiten, die Anwendung zu verbessern und zu erweitern. Neue Hardware wie Projektoren, Tracker oder Handsteuergeräte müssen schnell angeschlossen werden. Insbesondere für einen CAVE oder eine Powerwall verwendet man heute verteilte Anwendungen und kostengünstige PC-Cluster. Das gesuchte Framework muss solche Cluster unterstützen und mit mehreren Grafik-Pipelines arbeiten können.

Für die Software-Entwicklung muss dieses Framework eine Simulation anbieten. Wenn überhaupt, dann hat man Zugang zu einem CAVE, den man sich mit allen Anwender teilt. Wünschenswert ist natürlich auch die Unabhängigkeit von einem konkreten Betriebssystem, oder den Bibliotheken für Computergrafik oder von Audiosystemen.

Diese Anforderungen machen deutlich, dass das Framework, das alle diese Forderungen erfüllt, eine sehr komplexe Software ist. Die Informatik als Wissenschaft komplexer Software-Systeme bietet eine ganze Reihe von Lösungen für dieses Problem — beispielsweise Design Patterns und objekt-orientierte Programmiersprachen.

3.1 VR-Frameworks

Sehr weit verbreitet ist die CAVELib, eine kommerzielle Lösung, die von MechDyne in den USA vertrieben wird. Sie hat ihren Ursprung in der Entwicklung des ersten CAVE. Inzwischen ist sie für UNIX und Microsoft Windows verfügbar. Aus Deutschland kommen die beiden kommerziellen Lösungen VD2 von vrcom und die IC.IDO-Software vom gleichnamigen Hersteller. Die Produkte beider Firmen werden in einer ganzen Reihe von Branchen produktiv eingesetzt; sie unterstützen OpenGL und die Betriebssysteme Microsoft Windows, IRIX und Linux. Von Dassault Systèmes in Frankreich stammt Virtools, das inzwischen als 3dvia Virtools vertrieben wird. Als Betriebssystem wird Microsoft Windows unterstützt; Grafik-APIs sind OpenGL und Microsoft Direct3D.

Daneben gibt es eine Menge von Frameworks, die im World Wide Web als Open-Source-Produkt erhältlich sind. Meist werden diese Frameworks an Hochschulen oder Forschungseinrichtungen entwickelt. Ein Beispiel aus Deutschland ist AVANGO vom Fraunhofer-Institut für Medienkommunikation. Die Lösung unterstützt UNIX; für die Computergrafik wird OpenGL Performer verwendet. Das *Virtual Rendering System* VRS ([52]) wird an der Universität Potsdam entwickelt und ist mit einer GPL-Lizenz frei verfügbar. Neben der Unterstützung für OpenGL bietet VRS auch RenderMan als Grafik-API an.

An der Entwicklung von *DIVERSE* ([35]) wird an der Virginia Tech University gearbeitet. Die Bezeichnung DIVERSE steht für das Akronym „Device Independent Virtual Environments - Reconfigurable, Scalable, Extensible". Zur Zeit werden IRIX und Linux als Betriebssystem unterstützt; als Grafik-APIs OpenGL, OpenGL Inventor, COIN3D und OpenGL Performer. Versionen für Microsoft Windows und MacOS sind geplant. DIVERSE ist mit einer GPL-Lizenz frei verfügbar.

Diese Aufzählung ist auf keinen Fall vollständig, stellt aber einen groben Überblick über die verfügbaren Lösungen dar. Auf der Website zum Buch gibt es aktuelle Informationen und weitere Verweise ins World Wide Web. In diesem Buch verwenden wir das Framework *VR Juggler* ([10]). Diese Software ist für Linux, Microsoft Windows und MacOS X verfügbar. Als Grafik-APIs werden OpenGL, OpenGL Performer, OpenSG, OpenSceneGraph und Microsoft Direct3D unterstützt. Das Thema dieses Kapitels ist eine Einführung in die Anwendungsentwicklung mit *VR Juggler*. In Kapitel 4 stehen komplexere Anwendungen im Vordergrund.

Die Entscheidung für *VR Juggler* ist keine Wertung über die Eignung der anderen Alternativen. Das entscheidende Argument bei der Planung des Buchs für *VR Juggler* war die Tatsache, dass der Autor seit 2001 mit dieser Software Anwendungen an der Fachhochschule Kaiserslautern und am GeoResources Institute der Mississippi State University entwickelt hat und auch in der Lehre einsetzt.

Alle Lösungen unterscheiden sich in der Konfiguration und in der Initialisierung. Sie bieten eine Abstraktion der vorhandenen Hardware, so dass immer eine generische Anwendungsentwicklung möglich ist. Der Hauptnenner für die verwendeten Grafik-APIs ist immer noch OpenGL, das auch in diesem Buch verwendet wird. Die Übertragung der vorgestellten Beispiele auf ein anderes Framework ist ohne zu großen Aufwand möglich.

3.2 Einführung in VR Juggler

VR Juggler wird von einer Arbeitsgruppe an der Iowa State University unter der Leitung von Carolina Cruz-Neira erarbeitet. VR Juggler wird als „virtuelle Plattform" für VR-Anwendungen charakterisiert. Neben dem Kern gibt es die Laufzeitumgebung VPR, die Anwendungen unabhängig vom Betriebssystem möglich macht. Die Unterstützung für PC-Cluster ist ebenfalls enthalten. *Gadgeteer* ist der Bestandteil von VR Juggler, der Eingabegeräte verwaltet. Mit Hilfe von Proxies wird ein generischer Zugriff auf die Geräte realisiert. Gadgeteer bietet eine große Menge von Treibern für aktuelle Hardware wie Tracker oder Handsteuergeräte. Mit einer Schnittstelle können eigene Treiber implementiert werden.

VR Juggler ist sehr flexibel; es gibt die Möglichkeit Anwendungen beim Start und zur Laufzeit dynamisch zu konfigurieren. *Tweek* ist eine GUI-Komponente in Java, mit deren Hilfe Benutzungsoberflächen implementiert werden können, die überall ablauffähig sind, wo eine Java Runtime existiert. Also mittels Java ME auch auf einem PDA oder einem Handy.

Bei der Implementierung von Anwendungen mit VR Juggler ist man nicht auf ein API für die Grafikprogrammierung festgelegt. Es gibt die Möglichkeit, neben OpenGL auch OpenGL Performer, OpenSG, OpenSceneGraph und Direct3D zu verwenden. Für die Verwendung von Ton gibt es die abstrakte Schnittstelle *Sonix*, an die *OpenAL*, *Audiere* oder *AudioWorks* als API angebunden werden können. Neu ist *PyJuggler*, eine Schnittstelle zu VR Juggler auf Python-Basis, auf die wir in diesem Buch jedoch nicht eingehen werden.

Die vorgestellten Beispiele setzen Kenntnisse in der Grafikprogrammierung mit OpenGL voraus. Am einfachsten ist der Übergang von einer Desktop-Anwendung mit GLUT zu VR Juggler (vgl. [8] und [64]). Programmieren mit OpenGL ist undenkbar ohne das „red book" [63]; auch [54] ist immer einen Blick wert.

3.2.1 Die erste VR-Anwendung

Der Kern von VR Juggler ist wie zu erwarten als *Singleton* ([26]) implementiert. Der Konstruktor einer solchen Klasse ist privat; die Anwendung kann nur eine Referenz auf den Kern abfragen. Die eigentliche Anwendung wird als eigene Klasse implementiert. Im Hauptprogramm wird die Instanz des Kerns abgefragt und die Anwendung instanziiert. Wie in allen Informatik-Büchern, bei denen es um die Implementierung des ersten Beispiels geht, wollen auch wir ein „Hello World"-Beispiel realisieren. Die Anwendungsklasse `HelloApplication` soll aber nicht den bekannten Gruß an die Welt ausgeben, sondern eine gelbe Kugel – schließlich geht es um ein Beispiel aus der Computergrafik und nicht um einen Text auf einer Konsole.

Wie bereits beschrieben fragen wir die Instanz des Kerns ab und erzeugen eine Instanz der Anwendungsklasse:

```
int main(int argc, char* argv[])
```

```
{
vrj::Kernel* kernel = Kernel::instance();
HelloApplication *application
    = new HelloApplication();
```

Als einzige weitere Aktion muss die Anwendung konfiguriert werden. Ist VR Juggler installiert, erscheint eine große Menge von verschiedenen Konfigurationsdateien in der Installation mit der Endung .jconf. Wir werden uns noch näher mit der Konfiguration beschäftigen, jetzt konzentrieren wir uns auf die erste Anwendung. Mit loadConfigFile liest der Kern diese Dateien ein. Damit können wir die benötigten Dateien als Argumente beim Start des Programms übergeben und in einer Schleife laden:

```
for( i = 1; i < argc; ++i )
    kernel->loadConfigFile(argv[i]);
```

Dieses Vorgehen hat den Vorteil, dass man beim Start der Anwendung zwischen einer Simulation für den Desktop und der Konfiguration für die VR-Umgebung unterscheiden kann. Der Anwendung selbst ist es vollkommen egal, in welcher Umgebung sie abläuft.

Mit Hilfe des Simulators können Anwendungen auf dem Desktop entwickelt und getestet werden. Auch die Fehlersuche in einer VR-Anwendung findet häufig darin statt. In den folgenden Beispielen verwenden wir immer diese Simulation, man hat ja zu Hause im Keller meistens keinen CAVE. Aus diesem Grund geben wir in den Beispielen die Konfiguration immer explizit an und laden sie, wobei immer die Datei sim.base.jconf verwendet wird. Zusätzlich verwenden wir mit sim.c6viewports.mixin.jconf die Simulation eines CAVE. Das mixin im Dateinamen bedeutet, dass diese Datei zu einer anderen Konfiguration hinzugefügt werden kann und nur die Beschreibung der Viewports enthält. Wir werden das

Handsteuergerät zwar noch nicht verwenden, laden aber schon einmal die Konfiguration `sim.wand.mixin.jconf`:

```
kernel->loadConfigFile("sim.base.jconf");
kernel->loadConfigFile(
        "sim.c6viewports.mixin.jconf");
kernel->loadConfigFile
                ("sim.wand.mixin.jconf");
```

Das restliche Hauptprogramm besteht im Starten des Kerns und der Übergabe der Anwendungsklasse an den Kern. Dieser startet eine Schleife, in der Ereignisse abgefragt und behandelt werden. Mit `Kernel::waitForKernelStop()` warten wir im Hauptprogramm darauf, dass die Anwendung beendet wird. Der Rest des Hauptprogramms räumt auf:

```
kernel->start();
kernel->setApplication(application);
kernel->waitForKernelStop();
delete application;
```

Dieses Hauptprogramm alleine nützt überhaupt nichts; wir müssen die gelbe Kugel ja erst einmal ausgeben. Für die Implementierung von Anwendungen gibt es in VR Juggler die rein virtuelle Klasse `vrj::App`. Von dieser Klasse werden weitere Basisklassen abgeleitet, die von dem verwendeten Grafik-API abhängig sind. Wir haben uns für OpenGL entschieden, also verwenden wir als Basisklasse `vrj::GlApp`. Diese Basisklassen sehen eine ganze Menge von Funktionen vor, die unsere Anwendungsklasse überschreiben muss. Wir sind nicht gezwungen alle Funktionen der Basisklasse zu überschreiben, wenn der „Default" der Basisklasse ausreicht. Unsere Anwendungsklasse leiten wir also wie in Abb. 3.1 dargestellt ab.

Bevor der Kern von VR Juggler in eine Schleife eintritt, wird die *init*-Funktion der Anwendung aufgerufen. In dieser Funktion werden die Anwendungsdaten initialisiert und alle ande-

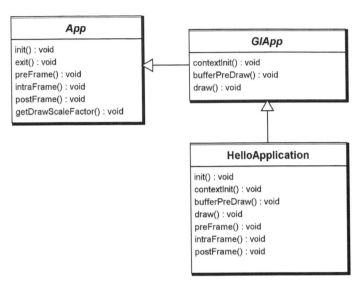

Abb. 3.1 Die Anwendungsklasse *HelloApplication*

ren Vorbereitungen für die Durchführung ausgeführt. OpenGL benötigt für die meisten Anweisungen einen gültigen Kontext; die Einstellungen dafür werden in `GlApp::contextInit` durchgeführt. Für die Ausgabe der gelben Kugel soll eine GLU-Quadrik verwendet werden, die wir jetzt initialisieren:

```
void HelloApplication::contextInit(void)
{
    sphere = gluNewQuadric();
    gluQuadricNormals(sphere, GLU_SMOOTH);
    gluQuadricDrawStyle(sphere, GLU_FILL);
}
```

Da wir die Quadrik in mehreren Funktion unserer Anwendungsklasse verwenden, ist sie als private Variable in der Klasse deklariert. Für das Erzeugen der Quadrik wird ein OpenGL-Kontext benötigt. Diese Variable wird also nicht im Konstruktor unserer Anwendungsklasse initialisiert.

Für Anweisungen, die bereits einen gültigen OpenGL-Kontext erfordern und keine grafische Ausgaben erzeugen, gibt es die Funktion `bufferPreDraw`. Hier wird die Hintergrundfarbe der grafischen Ausgabe, Angaben über die Primitive, die Beleuchtung und alle anderen Einstellungen für OpenGL gesetzt. Wir beschränken uns auf das Nötigste und definieren eine graue Farbe für den Hintergrund:

```
void HelloApplication::bufferPreDraw()
{
    glClearColor(0.5f, 0.5f, 0.5f, 1.0f);
    glClear(GL_COLOR_BUFFER_BIT);
}
```

Die wichtigste Funktion ist natürlich die, die für die grafische Ausgabe zuständig ist, nämlich `vrj::GlApp::draw()`. Wir überschreiben den Default, nämlich einfach nichts zu tun, und geben jetzt endlich unsere gelbe Kugel aus:

```
void HelloApplication::draw()
{
    glClear(GL_DEPTH_BUFFER_BIT);
    glPushMatrix();
        glColor3f(1.0f, 1.0f, 0.0f);
        glTranslatef(-5.0f, 5.0f, -10.0f),
        gluSphere(sphere, radius, 20, 20);
    glPopMatrix();
}
```

Den kompletten Quelltext für diese kleine Anwendung findet man auf der Website zum Buch, wie auch Arbeitsbereiche für Microsoft Visual Studio oder Makefiles.

Beim Starten der Anwendung erhält man eine Reihe von Meldungen auf der Konsole, die zu Beginn ignoriert werden können. Je nach Installation kommt eine Warnung, dass eine Bibliothek nicht gefunden wird. Meist kann man diese Warnung bestätigen, unsere gelbe Kugel wird trotzdem auf dem Bildschirm wiedergegeben. Auf dem Desktop erscheinen eine ganze Reihe von Fenstern, wie in Abb. 3.2 zu sehen ist.

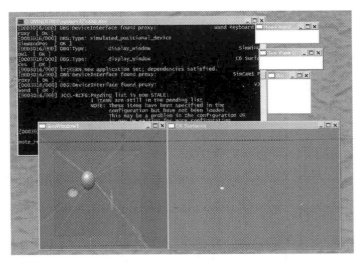

Abb. 3.2 `HelloApplication` auf dem Microsoft Windows XP Desktop

Das wichtigste Fenster ist `SimWindow1`, in der Abb. 3.2 unten links, das die Leinwände des C6 zeigt. Darin erkennt man ein Objekt, mit dem der Kopf des Benutzers im CAVE visualisiert wird. Auf dem Bildschirm sollte dieses Objekt blau gefärbt sein. Rechts neben dem Kopf, in grün, erkennt man die Simulation des Handsteuergerätes. Und – last but not least – erkennen wir unsere gelbe Kugel, für die wir diesen ganzen Aufwand betrieben haben, links vom Kopf.

Translation		
7 abwärts	8 vorwärts	9 aufwärts
4 links	5	6 rechts
1 nach links neigen	2 rückwärts	3 nach rechts neigen

Rotation: Strg +		
7	8 nach unten	9
4 nach links	5	6 nach rechts
1	2 nach oben	3

Abb. 3.3 Steuerung des Kopfes mit der numerischen Tastatur

Im Fenster C6 Surfaces werden die sechs Viewports für die sechs Seiten des CAVE als aufgeklappter Würfel dargestellt. Auch hier sehen wir unsere kleine gelbe Kugel. Für unser Beispiel ist dieses Fenster nicht unbedingt notwendig. Aber wenn wir die Konfiguration für die Viewports nicht laden, dann werden auch die Leinwände in Simulationsfenster nicht dargestellt.

Ist der Fokus auf dem Fenster Head Input Window, eines der kleinen Fenster oben rechts in Abb. 3.2, dann können wir die Translation und Rotation des Kopfes mit Hilfe der numerischen Tastatur steuern. Die Taste 4 verschiebt den Kopf nach links, 6 nach rechts. In Abb. 3.3 findet man die Belegung für die Steuerung des Kopfes. Ganz wichtig ist, dass die numerische Tastatur verwendet wird!

Das Fenster Sim View Cameras Control ist für die Steuerung der Ansicht im Simulator zuständig. Auch hier gibt es eine analoge Tastenbelegung für die numerische Tastatur, die in Abb 3.4 zu sehen ist.

Translation

7 abwärts	8 vorwärts	9 aufwärts
4 links	5	6 rechts
1 nach links neigen	2 rückwärts	3 nach rechts neigen

Rotation: Strg +

7	8 nach unten	9
4 nach links	5	6 nach rechts
1	2 nach oben	3

Abb. 3.4 Steuerung der Kamera mit Hilfe der numerischen Tastatur

3.2.2 Der Ablauf einer VR Juggler Anwendung

Die Basisklassen `vrj::App` und `vrj::GlApp` sehen eine Reihe von Funktionen vor, die wir implementieren können, um eine eigene Anwendung zu realisieren. Nach der Initialisierung der Anwendung in `init` startet der Kern eine Schleife. In dieser Schleife werden zu genau festgelegten Zeitpunkten Funktionen der Anwendungsklasse aufgerufen. Während des Aufrufs werden vom Kern keine weiteren Aktionen ausgeführt. Der Ablauf in dieser Schleife ist in Abb. 3.5 als Sequenzdiagramm dargestellt. Ein Durchgang durch diese Schleife wird als „Juggler Frame" bezeichnet. Als Anwendungs-Entwickler kann man sich darauf verlassen, dass während des Aufrufs von `preFrame` alle Peripheriegeräte aktualisiert sind. Mit anderen Worten, wenn man auf Eingaben von Geräten reagieren möchte, dann fragt man diese hier ab und verändert die Instanz der Anwendung entsprechend.

Die `intraFrame`-Funktion, in der Aktionen für den nächsten Frame ausgeführt werden können, wird parallel zur grafischen Darstellung aufgerufen. Nach der vollständigen grafischen Darstellung erfolgt der Aufruf von `postFrame`. Veränderun-

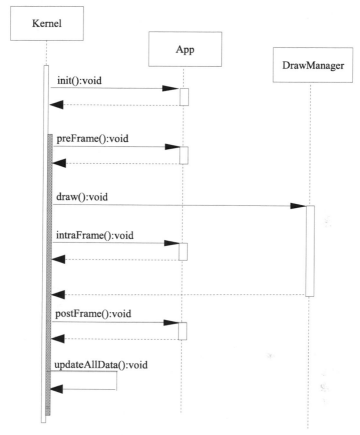

Abb. 3.5 Der Ablauf eines Juggler Frame

gen an Daten, die nicht von Eingaben abhängen können hier untergebracht werden.

Konkrete Anwendungen, die OpenGL verwenden, werden von *GlApp* abgeleitet. Die Anwendungsentwicklung in VR Juggler kann man sehr gut mit dem Ausfüllen eines Lückentextes vergleichen. Wir leiten unsere Anwendung von der Basisklasse ab und füllen an den Stellen, die vom Default abweichen sollen, die Lücken mit unserem Code aus.

3.2.3 Eine interaktive Anwendung

Das „Hello World" in Abschnitt 3.2.1 hatte außer der Navigation um die Bestandteile der VR-Umgebung noch keine Interaktion. Eigentlich war das auch gar keine VR-Anwendung, denn um eine gelbe Kugel auszugeben, hätten wir den ganzen Aufwand sicher nicht treiben müssen. Und die gelbe Kugel in einem CAVE ist auch nicht sehr beeindruckend. Das Implementieren von Interaktionen oder von komplexeren Anwendungen unterscheidet sich jedoch nicht besonders von unserer ersten Anwendung. Natürlich ist die Anwendungsklasse komplexer und wir benötigen mehr OpenGL-Anweisungen. Um bei der Metapher des Lückentextes zu bleiben: Wir füllen deutlich mehr Text in die dafür vorgesehen Stellen. Aber das prinzipielle Vorgehen kennen wir jetzt.

Die Simulation eines Handsteuergerätes wurde bereits geladen und dargestellt, allerdings noch nicht eingesetzt. Jetzt wollen wir dieses Gerät in unserer Anwendung ansprechen und seine Daten verwenden. Für die Anbindung von Geräten ist Gadgeteer verantwortlich. Die Geräte werden mit Hilfe des Design Patterns *Proxy* an die Anwendung übergeben, als Anwendungs-Entwickler verwenden wir damit ein abstraktes Konzept für die verschiedenen Kategorien von Geräten. Die Kommunikation zu dem konkret verwendeten Gerät, ob dies jetzt ein Tracker oder ein Handsteuergerät ist, wird vom Kern und von Gadgeteer durchgeführt. Auf Grund des Proxy-Konzepts müssen wir nicht wissen, welche Hardware installiert ist, so lange wir die korrekte Konfiguration dafür verwenden.

Nicht nur in VR Juggler kann man die folgenden Kategorien für Eingaben in grafische Anwendungen finden:

Digitale Eingabegeräte: Digitale Eingabegeräte sind Geräte, die einen Zustand an- oder ausschalten. Beispiele dafür sind die Tasten einer Maus oder eines Handsteuergerätes.

Analoge Eingabegeräte: Analoge Eingabegeräte liefern Werte zwischen 0 und 1. Beispiele dafür sind Drehregler oder Potentiometer.

Positionsdaten: Dies sind Daten aus der Positionsverfolgung des Kopfes oder eines anderen Gerätes. Auch die Simulation des Handsteuergerätes liefert Positionsdaten.

In Tabelle 3.1 findet man die Konfigurationen, die in VR Juggler für die Geräte geladen werden müssen und die Proxies in Gadgeteer.

Tabelle 3.1 Eingabegeräte, Konfigurationen und Proxys in VR Juggler

Eingabegerät	Konfiguration und Proxies
Digitale Eingabe	`sim.wand.mixin.jconf`
	`gadget::DigitalInterface`
Analoge Eingabe	`sim.analog.mixin.jconf`
	`gadget::AnalogInterface`
Positionsverfolgung	`sim.trackd.jconf`
	`gadget::PositionInterface`

In einer Erweiterung unserer ersten Anwendung möchten wir mit Hilfe der Tasten am Handsteuergerät die Farbe der Kugel ändern und zwischen zwei in der Anwendungsklasse definierten Positionen wechseln. Die Simulation für das Handsteuergerät

sieht bis zu 6 Tasten vor, die mit dem Namen VJButton0 bis
VJButton5 angesprochen werden können.

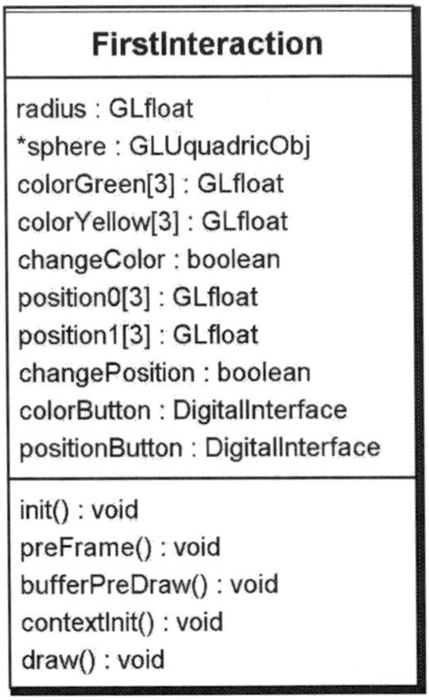

FirstInteraction
radius : GLfloat *sphere : GLUquadricObj colorGreen[3] : GLfloat colorYellow[3] : GLfloat changeColor : boolean position0[3] : GLfloat position1[3] : GLfloat changePosition : boolean colorButton : DigitalInterface positionButton : DigitalInterface
init() : void preFrame() : void bufferPreDraw() : void contextInit() : void draw() : void

Abb. 3.6 Die Klasse
FirstInteraction

Wir erweitern die Anwendungsklasse um Variablen für die
Proxies und für das Speichern der Zustände. In Abb. 3.6 ist
das Klassendiagramm dargestellt. Die Geräte müssen initialisiert
werden; dazu implementieren wir die Funktion init:

```
void FirstInteraction::init()
{
        colorButton.init("VJButton0");
        positionButton.init("VJButton1");
}
```

Jetzt ist die Zuordnung zwischen den Attributen der Klasse und
den Tasten hergestellt.

Für digitale Geräte kennt VR Juggler vier Zustände:

Digital::OFF: Das Gerät ist nicht ausgelöst und war dies auch nicht ein Frame vorher.

Digital::ON: Das Gerät ist ausgelöst und war dies auch ein Frame vorher.

Digital::TOGGLE_ON: Das Gerät war nicht ausgelöst und ist jetzt ausgelöst worden.

Digital::TOGGLE_OFF: Das Gerät war ausgelöst und ist jetzt freigegeben worden.

Verwendet man nur die beiden ersten Zustände und möchte etwas auf Tastendruck auslösen, dann macht das häufig Probleme, da meist mehr als ein Ereignis ausgelöst wird. Man verwendet dafür die beiden letzten Zustände, die genau für diesen Zweck in der Version 2.0 eingeführt wurden.

Alle Peripheriegeräte sind in der zu Beginn des Juggler Frame aufgerufenen Funktion preFrame aktuell. Also fragen wir dort den Zustand der beiden Tasten ab und setzen Variablen, auf die in der grafischen Ausgabe reagiert werden kann:

```
void FirstInteraction::preFrame(void)
{
  switch (colorButton->getData()) {
    case Digital::OFF:
       changeColor = true;
       break;
    case Digital::ON:
       changeColor = false;
       break;
  }
  switch (positionButton->getData()) {
    case Digital::OFF:
       changePosition = true;
       break;
    case Digital::ON:
```

```
        changePosition = false;
        break;
    }
}
```

Die grafische Ausgabe in der draw-Funktion fragt die beiden logischen Variablen ab und reagiert entsprechend darauf:

```
void FirstInteraction::draw()
{
    glClear(GL_DEPTH_BUFFER_BIT);
    glPushMatrix();
        if (changeColor)
            glColor3fv(colorGreen);
        else
            glColor3fv(colorYellow);
        if (changePosition)
            glTranslatef(position0[0],
            position0[1], position0[2]);
        else
            glTranslatef(position1[0],
            position1[1], position1[2]);
        gluSphere(sphere, radius, 20, 20);
    glPopMatrix();
}
```

Ist der Fokus auf dem Wand Input Window, dann können wir im Simulator das grün dargestellte Handsteuergerät bewegen und mit Hilfe der Maustasten auch die digitale Eingabe aktivieren. In Anhang A befindet sich eine Beschreibung für die Steuerung des Handsteuergerätes mit Hilfe der Maus; dort sind auch noch einmal die Steuerungen für den Kopf und die Navigation im Simulator zu finden. Die digitale Eingabe für die Tasten VJButton0, VJButton1 und VJButton2 wird mit der linken, mittleren und rechten Maustaste ausgelöst.

Die Proxy-Schnittstelle für ein Gerät, das Positionsdaten liefert, ist `PositionInterface`. Dieses Gerät möchten wir jetzt verwenden, um die Position des Handsteuergerätes zu verfolgen. Mit Hilfe dieser Positionsdaten soll die gelbe Kugel bewegt werden. Positionsdaten bedeuten alle sechs Freiheitsgrade eines Körpers; also nicht nur die Position, sondern auch die Orientierung. Das bedeutet, wir können die Kugel nicht nur bewegen, sondern auch orientieren. Als Ausgabe von Positionsdaten verwendet VR Juggler die *GMTL*-Bibliothek, die Klassen für Vektoren und Matrizen anbietet. Insbesondere gibt es Klassen, die eine homogene 4 × 4-Matrix speichern und manipulieren können. Darüber hinaus können diese Matrizen so abgefragt werden, wie sie von OpenGL oder anderen APIs erwartet werden. Funktionen wie `glMultMatrix` in OpenGL erhalten die Matrizen im Argument spaltenweise. Dafür gibt es in GMTL die Funktion `Matrix44f::getData()`.

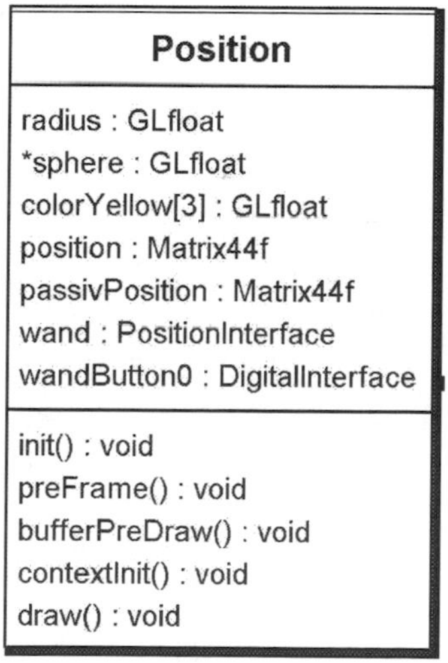

Position
radius : GLfloat
*sphere : GLfloat
colorYellow[3] : GLfloat
position : Matrix44f
passivPosition : Matrix44f
wand : PositionInterface
wandButton0 : DigitalInterface
init() : void
preFrame() : void
bufferPreDraw() : void
contextInit() : void
draw() : void

Abb. 3.7 Die Klasse `Position`

Wir erweitern unsere Anwendungsklasse wie im Klassendiagramm in Abb. 3.7. Mit der Taste `VJButton0` aktivieren wir die Bewegung. In der `draw`-Funktion fragen wir für diesen Fall die 4×4-Matrix ab, die wir als Ausgabe des Positions-Proxies erhalten, verändern damit die Transformationsmatrix in OpenGL und geben wieder eine gelbe Kugel aus:

```
void Position::draw()
{
  glClear(GL_DEPTH_BUFFER_BIT);
  glPushMatrix();
      glColor3f(1.0f, 1.0f, 0.0f);
      if (wand->getPositionData()&&move)
      {
        position = wand->getData();
        glTranslatef(0.0f, 0.0f, -5.0f);
        glMultMatrixf(position.getData());
      }
      else
      {
        glTranslatef(0.0f, 0.0f, -5.0f);
        glMultMatrixf(position.getData());
      }
      gluSphere(sphere, radius, 20, 20);
  glPopMatrix();
}
```

Wenn wir bei der Ausführung dieser Anwendung in der Simulation das Handsteuergerät bewegen, dann bewegt sich die Kugel mit. Rotationen des Handsteuergerätes führen zu Veränderungen in der Orientierung der Kugel.

Unter den Konfigurationsdateien für den Simulator in VR Juggler findet man auch die Datei `sim.trackd.jconf`. Damit wird eine Positionsverfolgung für den Kopf simuliert. Lädt man im Hauptprogramm diese Datei, dann verändert sich die

Sicht in den dargestellten C6 Viewports, falls wir mit Hilfe der numerischen Tastatur die Kopfposition ändern. Genauso wie das auch in einem CAVE geschehen würde.

3.2.4 Kontextspezifische Daten in einer OpenGL-Anwendung

Die bisher betrachteten Beispiele sind nicht OpenGL-spezifisch. Auch mit OpenGL Performer oder OpenSG können wir eine Kugel ausgeben und die beschriebenen Interaktionen implementieren. Wird die Anwendung in einem CAVE oder in einem HMD ausgeführt, dann wird für jeden Viewport jeweils ein gültiger OpenGL-Kontext erzeugt. Für kontext-abhängige Größen gibt es die Funktion `contextInit`, die für jeden Kontext aufgerufen wird und den Zustandsautomaten in OpenGL konfiguriert. Es gibt in OpenGL Objekte wie Display-Listen oder Texturen, die von diesem Kontext abhängig sind. VR Juggler verwendet einen Speicherbereich für alle Anwendungsdaten. Das macht die Entwicklung von Anwendungen einfacher, da man nicht darauf achten muss, welcher Thread auf welche Daten zugreifen kann. Für kontextspezifische Daten stellt dies allerdings ein Problem dar.

Als Beispiel betrachten wir die Verwendung einer Display-Liste. Die Erzeugung einer Display-Liste in einer OpenGL-Anwendung wird in der Initialisierung des Kontextes durchgeführt mit

```
Gluint myList;
glNewList(myList, GL_COMPILE);
...
glEndList();
```

Die OpenGL-Anweisungen in der Display-Liste werden gespeichert und können bei Bedarf mit `glCallList(myList)` aufgerufen werden. Mehrfach dargestellte Objekte können so effizient und schnell behandelt werden.

Der Index der mit `glNewList` erzeugten Display-Liste ist kontextspezifisch. Das bedeutet, dass alle OpenGL-Kontexte den gleichen Index verwenden würden. Das ist jedoch falsch, je nach Kontext wird ein anderer Wert zurückgegeben. Um dieses Problem zu lösen gibt es den Datentyp `GlContextData<T>`, mit dem kontextspezifische Daten gespeichert werden können.

Als Beispiel sollen in der Anwendungsklasse zwei verschiedene Display-Listen definiert werden, die auf Tastendruck ausgetauscht werden. VR Juggler behandelt diese Variablen als Zeiger; bei der Definition der Listen und auch beim Aufruf müssen die Variablen also dereferenziert werden:

```
void ContextData::contextInit(void)
{
  ...
  (*myList1) = glGenLists(1);
  glNewList(*myList1, GL_COMPILE);
      glPushMatrix();
        glColor3fv(colorYellow);
        glTranslatef(-5.0f, 5.0f, -10.0f),
        gluSphere(sphere, radius, 20, 20);
      glPopMatrix();
  glEndList();
  (*myList2) = glGenLists(1);
  glNewList(*myList2, GL_COMPILE);
      glCallList(*myList1);
      glPushMatrix();
        glColor3fv(colorBlue);
        glTranslatef(4.0f, 4.0f, -5.0f);
        gluSphere(sphere,
```

```
                          0.5f*radius, 20, 20);
        glPopMatrix();
    glEndList();
}
```

Die Display-Liste `myList1` stellt wie bisher eine gelbe Kugel dar. Die zweite Display-Liste `myList2` enthält zusätzlich eine blaue Kugel mit dem halben Radius. Eine Interaktion mit einem digitalen Eingabegerät kann mit der `preFrame`-Funktion einstellen, welche Display-Liste dargestellt wird.

Neben Display-Listen müssen insbesondere auch Texturen im Kontext erzeugt werden. Dazu gibt es in OpenGL die Funktion `glGenTextures`. Auch hier müssen wir Kontextdaten mit Hilfe von `GlContextData<T>` verwenden; da die Ausgabe von `glGenTextures` ein Feld ist, wird die Konstruktion allerdings etwas aufwändiger. Auf der Website zum Buch gibt es ein Beispiel für die Verwendung von Texturen in OpenGL und VR Juggler.

3.3 VR Juggler Anwendungen mit OpenGL Performer und OpenSG

VR Juggler unterstützt neben OpenGL die Grafik-APIs OpenGL Performer, OpenSG, OpenSceneGraph und Microsoft Direct3D. OpenGL und Direct3D sind sehr Hardware-nah, sie werden im immediate-mode durchgeführt. Das bedeutet, die OpenGL-Befehle werden sofort ausgeführt. OpenGL Performer, OpenSG und OpenSceneGraph stellen einen Szenengraphen zur Verfügung. Beim Rendern der Szene wird der Graph traversiert und ausgegeben. Diese APIs arbeiten im retained-mode.

OpenGL Performer, das von Silicon Graphics entwickelt wird, bietet neben einem effizienten Szenengraph verteilte Anwendun-

gen und die Verwendung mehrerer Grafik-Pipelines. OpenGL
Performer bietet die Möglichkeit, Objekte in einer Vielzahl von
Datei-Formaten einzulesen. Das ist ein nicht zu unterschätzen-
der Vorteil. Eine VR-Anwendung, die mit CAD-Modellen arbeitet, muss diese Modelle möglichst ohne viel Aufwand darstellen. OpenGL bietet hier keine Unterstützung, man ist darauf
angewiesen, einen eigenen Import für Dateiformate wie `obj`
oder `iv` zu implementieren. Benötigt man einen solchen Import
regelmäßig, dann sollte die Verwendung von OpenGL Performer oder auch OpenSG ernsthaft in Erwägung gezogen werden.
OpenGL Performer ist käuflich zu erwerben; aber auf der Website von Silicon Graphics gibt es einen Download-Link zu einer freien Version. Wenn man diese verwendet, dann wird in
der grafischen Ausgabe immer ein Logo des Herstellers ausgegeben. Zu OpenGL Performer gibt es nicht viel Literatur; aber das
Programmers Manual [24] ist sehr ausführlich und bietet auch
viele besprochene Beispiele, deren Quelltexte in der Performer-
Installation enthalten sind.

Für die Erstellung von Anwendungen, die OpenGL Performer verwenden, gibt es die abstrakte Basisklasse `PfApp`, von
der wir unsere Anwendung ableiten; in Abb. 3.8 ist das Klassendiagramm dargestellt. Das Hauptprogramm verändert sich nicht.
Der einzige signifikante Unterschied ist, dass man nach dem De-
struktor Ihrer Anwendung OpenGL Performer mit einem Aufruf
von `pfExit` beenden muss. Die beiden wichtigsten Funktionen sind `PfApp::initScene` und `PfApp::getScene`. In
`initScene` definiert man den Szenengraphen. Während der
Ausgabe ruft VR Juggler die Funktion `getScene` auf. Die
Rückgabe der Funktion `getScene` ist ein Zeiger auf eine Instanz von `pfGroup`, der von VR Juggler in den Szenengraphen
eingehängt wird:

```
pfGroup* HelloPerformer::getScene(void)
{
```

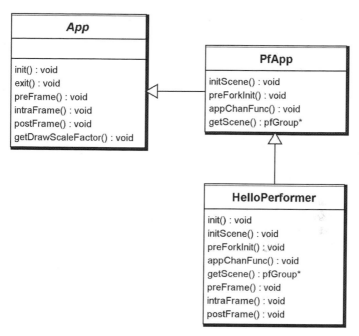

Abb. 3.8 Eine von `vrj::PfApp` abgeleitete Anwendung

```
    return root;
}
```

Die Szene bauen wir in `initScene` auf. In unserem einfachen Beispiel laden wir ein Objekt und definieren eine Beleuchtung:

```
void HelloPerformer::initScene()
{
 pfMatrix matrixT, matrixR;
 ...
```

```
pfSCS  *transformation =
       new pfSCS(matrixT*matrixR);

root = new pfGroup;
lightGroup = new pfGroup;
light = new pfLightSource;
lightGroup->addChild(light);
...
root->addChild(transformation);
root->addChild(lightGroup);
model = pfdLoadFile(modelFile.c_str());
transformation->addChild(model);
}
```

Für OpenGL-Anwendungen gibt es bufferPreDraw, in der beispielsweise die Hintergrundfarbe eingestellt wird. Dafür gibt es für OpenGL Performer die Funktion appChanFunc, die vor der Ausgabe eines Performer-Channels ausgerufen wird. Mit der Klasse pfEarthSky setzen wir hier die Hintergrundfarbe:

```
void HelloPerformer::appChanFunc
                    (pfChannel *channel)
{
    pfEarthSky *background
                      = new pfEarthSky;
    background->setMode(
        PFES_BUFFER_CLEAR, PFES_FAST);
    background->setColor(PFES_CLEAR,
              0.5f, 0.5f, 0.5f, 1.0f);
    channel->setESky(background);
}
```

Bei der Installation von OpenGL Performer werden eine ganze Reihe von Beispiel-Objekten mitgeliefert. Abbildung 3.9 zeigt links die Datei esprit.flt und rechts iris.flt. Interaktionen, beispielsweise das Austauschen von Knoten im Szenen-

Abb. 3.9 Einlesen von Objekten mit OpenGL Performer und VR Juggler; links `esprit.ftl`, rechts `iris.flt`

graph oder das Bewegen mit der Handsteuergerät, können wie in den OpenGL-Anwendungen in der Funktion `preFrame` implementiert werden.

Wie im Fall von OpenGL Performer wird auch für OpenSG der Szenengraph definiert und an VR Juggler übergeben. OpenSG ist ein modernes API, das immer häufiger Anwendung findet. Die Basisklasse für OpenSG ist von `GlApp` abgeleitet. Der Grund liegt darin, dass OpenSG auf OpenGL aufbaut. Die Funktion für die Definition des Szenengraphen, die von der Anwendung implementiert werden muss, ist `initScene`, die Funktion `getScene` gibt einen Zeiger auf einen Knoten im OpenSG-Szenengraphen zurück. In Abb. 3.10 findet man das Klassendiagramm für eine OpenSG-Anwendung. Mehr zu OpenSG enthält der OpenSG Starter Guide [1].

Die Anwendung ist analog zu der in OpenGL Performer implementiert. Die einfachste Funktion ist wieder `getScene`:

```
NodePtr HelloOpenSG::getScene(void)
{
```

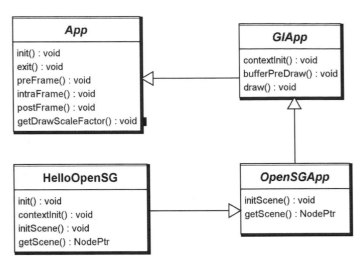

Abb. 3.10 Eine von *OpenSGApp* abgeleitete Anwendung

```
        return root;
    }
```

In der Funktion *initScene* wird das Modell eingelesen, eine Lichtquelle definiert und das Objekt so transformiert, dass es beim Start der Anwendung auch sichtbar ist. Das Ergebnis für zwei Objekte, die in der Installation von OpenSG enthalten sind, ist in Abb. 3.11 zu sehen.

```
void HelloOpenSG::initScene()
{
  const Char8* file = modelFile.c_str();
  modelRoot =
      SceneFileHandler::the().read(file);
  ...
  light_beacon_core->setMatrix(light_pos);
```

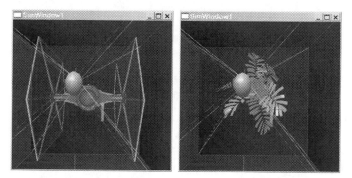

Abb. 3.11 Einlesen von Objekten mit OpenSG und VR Juggler; links `tie.wrl`, rechts `tree1.3ds`

```
lightBeacon->setCore(light_beacon_core);
lightNode->setCore(light_core);
lightNode->addChild(lightBeacon);
...
lightNode->addChild(modelRoot);
root = Node::create();
transform = Transform::create();
...
root->setCore(transform);
root->addChild(lightNode);
}
```

3.4 Konfiguration mit VRJConfig

Bisher haben wir in den Beispielen einen simulierten CAVE mit sechs Seiten verwendet. Dazu wurde im Hauptprogramm neben der Basis-Konfiguration in `sim.base.jconf` die Datei `sim.c6viewports.mixin.jconf` eingelesen. VR Juggler liefert mit der Installation eine ganze Menge von Konfigurationsdateien mit. Man findet diese Dateien unterhalb der Wurzel Ihres Installationsverzeichnisses, im Pfad

    `share/vrjuggler/data/configFiles`.

Es gibt neben den Simulatoren auch eine ganze Menge von Konfigurationen für Hardware, die kommerziell erhältlich ist.

Für die Erstellung einer Konfiguration verwendet man das in Java implementierte Programm `VRJConfig`. Unterscheidet sich die gewünschte Konfiguration nicht sehr stark von einer der vorhandenen Dateien, macht es durchaus Sinn, die Einstellungen hinzuzufügen und unter einem neuen Namen abzuspeichern.

Wir beschränken uns auf die Erstellung einer Konfiguration einer Rückprojektionsleinwand. Bevor wir `VRJConfig` starten, müssen wir uns über die verwendeten Koordinatensysteme klar werden. Alle Leinwände und Eingabedaten werden in VR Juggler in einem festen Koordinatensystem angegeben. Für unsere Leinwand genauso wie für einen CAVE ist es sinnvoll, den Ursprung dieses Koordinatensystems vor die Leinwand zu legen. Verwendet wird ein rechtshändiges Koordinatensystem. Die x-Achse geht dabei nach rechts, wenn man davon ausgeht, dass man vor der Leinwand steht und auf die Leinwand blickt. Die y-Achse zeigt nach oben, dann zeigt die z-Achse von der Leinwand weg. In einem CAVE würde man das gleiche Koordinatensystem verwenden und den Ursprung in die Mitte des Bodens platzieren. Die Angaben für die Achsen beziehen sich dann auf die Front-Leinwand. Bevor wir jetzt Zahlenwerte angeben, müssen wir uns noch über die Einheiten einig werden. In der Version 1 hat VR Juggler die Längeneinheit Fuß verwendet; inzwischen werden alle Angaben in Metern erwartet. Soll in einer Anwendung mit anderen Einheiten gearbeitet werden, dann gibt es die Funktion `getDrawScaleFactor`. Die Rückgabe dieser Funktion ist der Skalierungsfaktor für die Umrechnung von

Metern in die verwendete Einheit. Setzt die Anwendung amerikanische Fuß als Längeneinheit ein, dann muss die überschriebene Funktion den Wert $3,28$ zurückgeben.

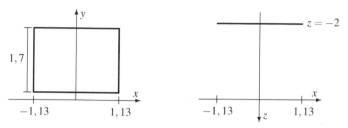

Abb. 3.12 Orthogonalprojektionen der Konfiguration für die Rückprojektion; der Abstand zwischen Boden und Leinwand beträgt dabei $0,2$ m

Bevor wir `VRJConfig` starten und `sim.c6viewports` `.mixin.jconf` laden, notieren wir die Maße unserer Leinwand und legen den Ursprung fest. Unsere Leinwand ist $2,26$ m $\times 1,7$ m groß. Wir legen den Ursprung in die Mitte der Leinwand, 2 m von der Leinwand entfernt; Abb. 3.12 zeigt zwei Orthogonalprojektionen dieser Konfiguration. Der Abstand zwischen Boden und der Leinwand beträgt $0,2$ m. Für die Konfiguration benötigen wir die Koordinaten der vier Eckpunkte der Leinwand. Die Werte dafür findet man in Tabelle 3.2.

Tabelle 3.2 Die Koordinaten der Eckpunkte der Leinwand

	x	y	z
Linke untere Ecke	$-1,13$	$0,2$	$-2,0$
Linke obere Ecke	$-1,13$	$1,9$	$-2,0$
Rechte untere Ecke	$+1,13$	$0,2$	$-2,0$
Rechte obere Ecke	$+1,13$	$1,9$	$-2,0$

Bei der Definition der Viewports orientiert sich VR Juggler
an dem Display-Konzept von X-Windows. Die Angabe :0.0
bedeutet, dass vom Display mit der Nummer 0 die Pipeline
Nummer 0 verwendet werden soll. Diese Angabe wird auch für
die anderen Betriebssysteme richtig umgesetzt. Die letzte Angabe, die wir benötigen, ist die Größe des Viewports. Diese hängt
vom verwendeten Projektor ab, im Beispiel gehen wir von einer
Auflösung von 1 280 × 1 024 aus.

Für das Ausführen von VRJConfig benötigt man die Installation einer Java Runtime-Umgebung oder eines JDK ab der Version 1.5. Öffnet man sim.c6viewports.mixin.jconf,
erhält man ein Fenster wie in Abb. 3.13.

Die Datei enthält nur eine Konfiguration für das Display; das
war schon an der Bezeichnung mixin erkennbar. Durch einen
Rechtsklick auf den Namen können wir den Befehl Rename
auswählen. Wir geben einen neuen Namen, beispielsweise C1
Surfaces, an und bestätigen die Eingabe mit der Return-Taste.

Die Datei enthält sechs Leinwände, wovon wir bis auf die
Leinwand mit dem Namen front alle löschen. Wir wählen die
Leinwände einfach aus und betätigen die Entfernen-Taste der
Tastatur. In Abb. 3.13 ist die Leinwand front surface ausgewählt. Hier tragen wir jetzt die Werte ein, die wir in Tabelle
3.2 finden. Die Werte für origin ganz oben im rechten Bereich
des Fensters bezeichnet die linke untere Ecke des Viewports im
Ausgabefenster. Wir verändern dies auf $(0,0)$; als Size tragen
wir $(1,1)$ ein. Damit verwenden wir 100% des Ausgabefens-
ters. Angaben für die Größe des Viewports müssen zwischen
0 und 1 liegen und sind als Prozentangaben zu interpretieren.
Wir speichern die Änderungen unter einem neuen Namen, zum
Beispiel sim.c1viewports.mixin.jconf, ab. Jetzt kann
diese Datei in Anwendungen verwendet werden.

Auf diese Weise können wir alle Geräte, die wir verwenden
möchten, konfigurieren. Wir hatten schon die Steuerung des simulierten Handsteuergerätes in sim.wand.mixin und des si-

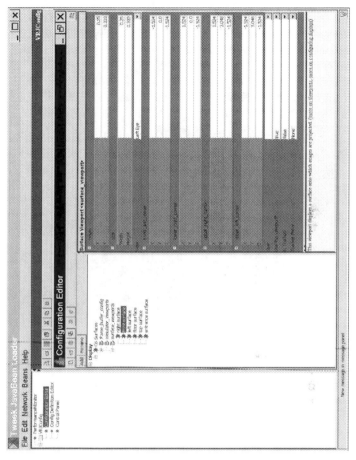

Abb. 3.13 `sim.c6viewports.mixin.jconf` in VRJConfig

mulierten Kopfes betrachtet. Soll eine andere Tastenbelegung für die Steuerung der Simulatoren verwendet werden oder die

Fenstergröße der Simulation verändern werden soll, dann öffnet man die Konfiguration und verändert diese Werte einfach. In Abb. 3.14 ist die geöffnete Datei sim.wand.mixin dargestellt. Ausgewählt ist die Taste für das Vorwärtsbewegen des Handsteuergerätes. Rechts sieht man den aktuell eingestellten Wert, den man mit Hilfe der Auswahl-Menüs verändern und neu abspeichern kann.

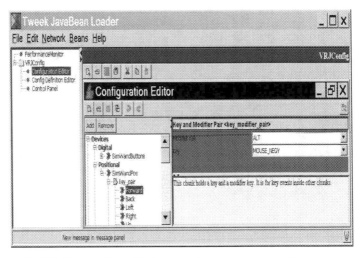

Abb. 3.14 Das simulierte Handsteuergerät sim.wand.mixin

3.5 Aufgaben

3.1. Erstellen und Ausführen der ersten Anwendung Den Quelltext für unser Hello World HelloApplication finden

Sie im Anhang B und auf der Website zum Buch. Erstellen Sie
die Anwendung und führen Sie sie aus!

3.2. Navigieren in der Simulation Verwenden Sie die Steue-
rung für die Kamera und erzeugen Sie eine Ansicht im Fenster
SimWindow1 wie in Abb. 3.15! Überzeugen Sie sich, dass das
Kopfmodell auf der Vorderseite „Augen" hat!

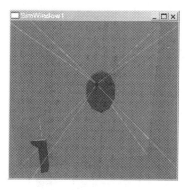

Abb. 3.15 Ihr Ziel für Aufgabe 3.2

3.3. Digitale Eingaben Erweitern Sie die Anwendungsklasse
`HelloApplication` und fügen Sie die Variablen für die digitale Eingabe wie beschrieben ein. Testen Sie Ihre neue Anwendung; mit der linken Maustaste sollte jetzt die Farbe der Kugel
wechseln, mit der mittleren Maustaste wechselt die Kugel ihre
Position. Erweitern Sie die Funktionalität, mit dem Eingabegerät
VJButton2 soll sich der Radius der Kugel verdoppeln!

3.4. Analoge Eingaben Analoge Eingabegeräte stehen mit *gad-
get::AnalogInterface* zur Verfügung. Das Gerät mit der Bezeichnung *VJAnalog0* binden Sie mit *sim.analog.mixin.jconf* in die
Anwendung ein. Mit der Taste q vergrößern Sie den Wert, mit

a stoppen Sie die Veränderung. Als Werte werden float-Zahlen zwischen $0,0$ und $1,0$ zurückgeliefert, Default-Wert beim Start ist $0,0$. Verändern Sie den Radius der ausgegebenen Kugel mit Hilfe dieser analogen Eingabe!

3.5. Positionsdaten Implementieren Sie das dargestellte Beispiel für die Verwendung von Positionsdaten und steuern Sie damit die Position und Orientierung der Kugel. Um die Orientierung des Objekts besser zu erkennen, können Sie die Kugel durch ein Viereck oder einen Würfel ersetzen.

3.6. OpenGL Display-Listen in VR Juggler Implementieren Sie wie auf Seite 66 beschrieben die beiden Display-Listen. Verwenden Sie ein digitales Eingabegerät, um die dargestellte Liste auszutauschen!

3.7. Konfiguration von VR Juggler Überprüfen Sie, ob Sie VRJConfig starten können. Wenn Sie Fehlermeldungen erhalten, dann liegt das häufig daran, dass Sie einige Umgebungs-Variablen im Betriebssystem setzen müssen. Wichtig ist insbesondere JAVA_HOME, das Sie auf das Installationsverzeichnis Ihrer Java Runtime oder Ihres JDK setzen müssen.

Öffnen Sie sim.c6viewports.mixin.jconf und erzeugen Sie, wie im Text beschrieben, eine Konfiguration für die Simulation einer Leinwand mit den Angaben in Tabelle 3.2. Speichern Sie diese Konfiguration unter einem neuen Namen ab! Ersetzen Sie in einer Ihrer Anwendungen die Viewport-Konfiguration durch die von Ihnen gerade erzeugte Datei und überprüfen Sie Ihre Einstellungen!

3.8. Konfiguration einer passiven Stereo-Projektion Die in Aufgabe 3.7 erzeugte Projektion soll jetzt weiterentwickelt werden. Dazu verwenden wir immer noch eine Leinwand, allerdings soll mit Hilfe von Polarisationsfiltern und zwei Projektoren eine Stereo-Projektion erzeugt werden, wie in Abb. 2.14 auf Seite 23. Skizzieren Sie die Konfiguration und erzeugen Sie mit VRJConfig eine VR Juggler Konfiguration!

3.9. Konfiguration einer Powerwall Verwenden Sie die Konfiguration powerwall_18x8.jconf, die ein System mit Trackern und einer Leinwand definiert. Verwenden Sie eine Aufteilung der Projektionsfläche in 2×3 Kacheln; für jede Kachel soll ein Projektor verantwortlich sein. Gehen Sie von einer Auflösung von $1\,024 \times 768$ für jeden Beamer aus!

1	3	5
2	4	6

Abb. 3.16 Die Kacheln für die Powerwall in Aufgabe 3.9

3.10. Konfiguration einer Holobench Unter einer Holobench oder L-shaped bench versteht man eine Konfiguration mit zwei Leinwänden, die rechtwinklig zueinander angeordnet sind. Verwenden Sie die Angaben, die Sie in Abb. 3.17 finden und erzeugen Sie eine Konfiguration in VRJConfig für dieses Gerät! Testen Sie die Konfiguration mit einer der von Ihnen erstellten Anwendungen!

3.11. Fish Tank VR Im Abschnitt 2.4 auf Seite 38 finden Sie die Beschreibung einer Fish Tank VR. Beschreiben Sie eine Konfiguration in VRJConfig für einen Rechner mit zwei Grafik-Ausgängen und zwei Monitoren. Einer der beiden Monitore soll als Fish Tank verwendet werden. Verwenden Sie eine aktive Stereo-Ausgabe mit einem Emitter und Shutter Glasses. Skizzieren Sie die Konfiguration und erzeugen Sie eine Konfiguration in VRJConfig!

Abb. 3.17 Orthogonalprojektionen für die Konfiguration der Holobench in Aufgabe 3.10

Kapitel 4
Anwendungen

Nach der Einführung in VR Juggler wollen wir in diesem Kapitel größere VR-Anwendungen realisieren. Ein wichtiger Einsatzbereich für die virtuelle Realität ist das wissenschaftliche Visualisieren, im englischen Sprachraum als scientific visualization bezeichnet. Dieses Teilgebiet der Computergrafik ist im Umfeld des wissenschaftlichen Rechnens entstanden. Zum ersten Mal verwendet wurde der Begriff in [40]. Mit Simulationen kann man immens große Datenmengen erzeugen, die ohne die Hilfe der Computergrafik nicht mehr zu interpretieren sind. Als Beispiel betrachten wir die Visualisierung einer Strömungsdynamik-Simulation.

Ein anderes großes Anwendungsgebiet ist die Forschung und Entwicklung in der Automobilindustrie. Hier wird VR produktiv eingesetzt, von Styling-Reviews bis zu Einbau-Untersuchungen für die Produktion. Die geometrischen Daten in der Automobilindustrie liegen als CAD-Modelle vor. Ein wichtiger Schritt im Einsatz von VR ist es, diese CAD-Modelle so aufzubereiten, dass sie in der VR-Anwendung eingesetzt werden können. VR bedeutet Echtzeit, CAD-Modelle sind so abgelegt, dass sie die Flächen und Objekte möglichst exakt beschreiben. Für die VR-

Anwendungen möchten wir so wenig Polygone wie möglich, im CAD-System werden meist Freiform-Flächen in NURBS-Repräsentation verwendet. Dieser Datentransfer ist ein wesentlicher Schritt für VR-Anwendungen in der Automobil-Industrie.

Als API verwenden wir, wie schon in Kapitel 3, OpenGL. Insbesondere bei der Arbeit mit CAD-Modellen bietet OpenGL Performer große Vorteile, da dort viele Importfilter für Geometrie zur Verfügung stehen. Statt dessen setzen wir das Visualization Toolkit (VTK) [48, 49] ein. VTK ist frei verfügbar und bietet neben den nötigen Importfiltern auch eine ganze Menge von Algorithmen. Mehr zur Visualisierung mit Hilfe der VTK finden man auch im gleichnamigen Kapitel in [8].

4.1 Visualisierung mit VTK und OpenGL

Das Visualization Toolkit VTK ist eine Menge von Bibliotheken, die neben Importfiltern und Algorithmen die Daten auf darstellbare Geometrie abbilden und anschließend mit Hilfe von OpenGL darstellen kann. Damit bildet die VTK alle Schritte ab, die die Visualisierungs-Pipeline in Abb. 4.1 ausmachen. VTK ist mit mehreren Bindungen an Programmiersprachen erhältlich, neben C++ gibt es auch die Möglichkeit, die Pipeline in Java, Python oder tcl zu erstellen. Insbesondere die tcl/tk-Kopplung bietet eine gute Möglichkeit, die Pipeline schnell und einfach zu testen, bevor man sie in eine VR-Anwendung integriert.

Die OpenGL-Ausgabe in VTK ist in einer Klasse gekapselt, so dass es nicht ohne Weiteres möglich ist, VTK und VR Juggler gemeinsam zu verwenden. Dazu müssen wir die in VTK realisierte Pipeline auftrennen, die erzeugte Geometrie abfragen und mit Hilfe von OpenGL selbst darstellen. Wir verwenden VTK in diesem Kapitel meist zum Einlesen von Objekten und für Algorithmen wie Marching Cubes oder die Integration

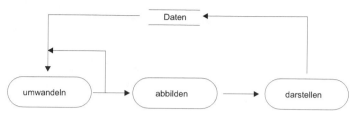

Abb. 4.1 Die Visualisierungs-Pipeline

von Vektorfeldern. Diese Verfahren haben als Endprodukt immer eine Menge von polygonalen Netzen. Für die Übernahme dieser Ergebnisse in unsere VR Juggler Anwendungen verwenden wir einen Adapter zwischen der VTK-Pipeline und Open-GL. Auf der Website zum Buch gibt es weitere Einzelheiten zu dieser Software und auch Downloads mit Quelltexten. Der Adapter ist Bestandteil der *vlgGraphicsEngine*, einer Bibliothek für die objekt-orientierte Implementierung von OpenGL-Anwendungen. Ein Design-Ziel dieser Bibliothek war, Anwendungen für den Desktop möglichst schnell in eine Anwendung zu portieren, die VR Juggler verwendet. Die Übergabe wird auf der Basis von polygonalen Netzen durchgeführt; in VTK sind dies Instanzen der Klasse vtkPolyData.

Die VTK-Pipeline kann in der init-Funktion der VR Juggler Anwendung durchgeführt werden:

```
void Pipeline::init() {
  vtkReader = vtkPolyDataReader::New();
  vtkReader->SetFileName("vislab.vtk");
}
```

Für die Übergabe von Vertex Arrays benötigt man einen gültigen OpenGL Kontext, so dass der Adapter in contextInit der Anwendungsklasse instanziiert wird.

```
void Pipeline::contextInit(void)
{
  ...
  glEnableClientState(GL_VERTEX_ARRAY);
  set = new vlgGetVTKPolyData();
  set->noAttributes();
  set->setData(vtkReader->GetOutput());
  set->processData();
  set->setPointer();
}
```

Mit Hilfe der Funktion `vlgGetPolyData::draw()` erfolgt die grafische Ausgabe des Pipeline-Ergebnisses. Das Ergebnis für das Beispiel im Simulationsfenster ist in Abb. 4.2 zu sehen.

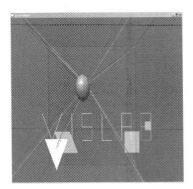

Abb. 4.2 Import der Datei `vislab.vtk` und Darstellung mit VR Juggler

4.2 Navigation und Interaktion mit Objekten

Bevor wir uns größeren Anwendungen widmen, betrachten wir die Gestaltung der Benutzungsflächen in einer virtuellen Umgebung. Wir haben schon darauf hingewiesen, dass mit der virtuellen Realität große Erwartungen an die Benutzungsoberflächen verknüpft waren. In Desktop-Anwendungen werden mehr oder weniger gut die dort zur Verfügung stehenden Elemente wie Fenster, Tastatur und Maus eingesetzt. Für die virtuelle Realität gibt es eine ganze Menge von Eingabe-Geräten, aber keine klare Vorgabe, wie die Benutzer die Anwendung bedienen sollen. Vor allem zu Beginn der Entwicklung der virtuellen Realität wurde in jeder Anwendung eine neue Bedienung implementiert, die fester Bestandteil der konkreten Anwendung waren.

Wir werden uns in diesem Abschnitt auf zwei Probleme konzentrieren, die häufig in VR-Anwendungen auftreten. Wie bewegen wir uns durch die virtuelle Szene? In der Literatur spricht man in diesem Zusammenhang von *Navigation*. Dabei wird dieser Begriff in *travel techniques* und *way-finding* unterteilt. Mit *way-finding* ist die Suche nach einem Weg gemeint; also die Antwort auf die Frage „Wie komme ich von Punkt A nach Punkt B?". Unter *travel* versteht man die Fortbewegung innerhalb der virtuellen Szene. Wir werden uns auf diese Fragestellung beschränken.

Genauso wichtig wie die Fortbewegung in unserer Szene ist die Interaktion zwischen dem Benutzer und den in der Szene existierenden Objekten. Objekte sollen von den Benutzern bewegt werden, und vor allem müssen die Benutzer in der Lage sein Objekte auszuwählen.

4.2.1 Navigation in virtuellen Szenen

Es gibt eine ganze Reihe von Untersuchungen und Studien zur
Frage der Fortbewegung in einer virtuellen Umgebung. Dabei ist
klar, dass die Navigation auch von der Art der VR-Umgebung
abhängt, die verwendet wird. Navigation in einer Anwendung,
die einen HMD einsetzt, verläuft auf eine andere Weise als in
einem CAVE. Die meisten Studien untersuchen eine CAVE-ähn-
liche Umgebung. Die Ergebnisse in [13] weisen darauf hin, dass
die Fortbewegung in der Szene von ganz entscheidender Bedeutung für das Eintreten der Immersion bei den Benutzern ist. In
[12] wird eine Test-Umgebung aufgebaut, mit der solche Studi-
en durchgeführt werden können. Hinweise für die Implementierung verschiedener Methoden findet man in [42]. In [2] wird eine Taxonomie der in der Literatur beschriebenen Fortbewegung
in virtuellen Umgebungen aufgestellt, die wir im Folgenden betrachten werden.

Neben der scheinbar kontinuierlichen Bewegung durch die
Szene gibt es natürlich auch die Möglichkeit des „Teleports".
Damit ist gemeint, dass sich der Benutzer in der Anwendung
durch Sprünge an eine andere Position begeben kann. Diese
Positionen können beispielsweise in einer Liste von Lesezei-
chen abgespeichert sein oder in einer Übersicht der Szene ausgewählt werden. Studien haben jedoch gezeigt, dass das Gefühl
der Immersion bei der Verwendung dieser Methode sehr stark
nachlässt. Wir bewegen uns nicht auf diese Weise – außer in
Science-Fiction-Filmen.

Für die Navigation werden zwei verschiedene Bestandteile verwendet. Die Richtung für die Bewegung, definiert durch
einen Richtungsvektor und durch die Länge dieses Vektors, definiert die neue Position und die Geschwindigkeit der Bewegung. Ein anderer wichtiger Teil dieser Problemstellung ist die
Blickrichtung. Bei der Bewegung entlang eines Richtungsvek-

tors unterscheidet man zwischen zwei- und dreidimensionalen Methoden. Wird eine Laufbewegung oder *walk* durch eine virtuelle Szene simuliert, dann werden nur zwei Koordinaten der Bewegungsrichtung verändert. Ist das Weltkoordinatensystem so orientiert wie in VR Juggler, dann bleibt die y-Koordinaten unverändert. Wenn alle drei Koordinaten verändert werden können, dann spricht man von *fly*, man fliegt gleichsam durch die Szene. In diesem Zusammenhang wird häufig der Begriff des fliegenden Teppichs oder „flying carpet" verwandt. Ein anderer Begriff, der in der Literatur auftaucht, ist ein „cart"; damit wird eine Fahrzeug-Metapher verbunden.

Nicht nur in VR-Anwendungen steht man vor der Entscheidung, aus welcher Perspektive die Benutzer in die Szene sehen. In einer egozentrischen Ansicht ist die virtuelle Kamera in den Augen des Benutzers platziert. Mit der Positionsverfolgung kann diese Information immer aktuell abgefragt werden. Diese Darstellung und die Fortbewegung wird als äußerst intuitiv empfunden. Eine andere Möglichkeit für die Platzierung der virtuellen Kamera versetzt den Benutzer in einer fixe Position. Diese Metapher wird häufig mit dem Begriff *examine* charakterisiert. Der Benutzer kann die Szene beobachten, als hätte er die Objekte in der Hand. Diese Alternative ist nicht so intuitiv wie die egozentrische Lösung. Aber bei der Visualisierung von Daten wird diese Methode sehr häufig eingesetzt.

Für die Realisierung der virtuellen Kamera in der Computergrafik werden eine Reihe von Koordinatentransformationen durchgeführt. Vor der Projektion sind die Objektkoordinaten im Kamerakoordinatensystem beschrieben. Dieses Kamerakoordinatensystem hatten wir bereits bei der Herleitung der stereoskopischen Darstellung betrachtet. Die Kamera befindet sich im Ursprung; und dort verbleibt sie auch. Für die Realisierung der Bewegung werden immer die Objekte bewegt. Möchten wir uns in negative z-Richtung bewegen, dann ist diese Transformation dual zu einer Translation der Objekte in positive z-Richtung.

Der Raum, der in einem CAVE oder mit einem HMD zur Verfügung steht, ist natürlich eingeschränkt. Um diese Einschränkung zu umgehen, werden in der Literatur eine ganze Reihe von Lösungen vorgeschlagen. Eine Möglichkeit ist, Geräte wie Laufbänder, sogenannte „virtual treadmills", in die Umgebung zu integrieren und mit der Anwendung zu koppeln ([22]). Auch das Gehen auf der Stelle, „walking-in-place", verbunden mit Methoden zur Definition der Richtung, kann eine Lösung darstellen. In der Automobilindustrie werden Sitzkisten verwendet, die einen Sitz, Lenkrad und die Pedale zur Verfügung stellen; der Rest wird mit Hilfe der Computergrafik visualisiert. Damit kann man einen Fahrsimulator aufbauen, der sehr überzeugend wirkt. Oder man setzt neuartige Methoden für die Positionsverfolgung ein, die in einer großen Umgebung eingesetzt werden können wie in [56].

In der Computergrafik gibt es mehrere Repräsentationen einer Richtung. Eine Möglichkeit für die Darstellung sind die Euler-Winkel, die einen Vektor mit Hilfe von Rotationen um die Koordinatenachsen in einer festgelegten Reihenfolge beschreiben. Daneben findet man die Beschreibung mit Hilfe einer 3×3- Rotationsmatrix oder die Angabe einer Rotationsachse und eines Rotationswinkels. Wir verwenden an dieser Stelle eine Rotationsmatrix. Die Rückgabewerte für die Position und Orientierung des Kopfes oder des Handsteuergerätes in VR Juggler sind homogene 4×4-Matrizen der GMTL-Bibliothek. Diese Bibliothek bietet auch die Möglichkeiten für die anderen Darstellungen, zum Beispiel den Typ `EulerAngleXYZf` für drei Winkel und die Reihenfolge x, y und z.

Bevor wir verschiedene Ansätze für die Definition der Bewegungsrichtung oder der Geschwindigkeit diskutieren, beschreiben wir die dabei auftretenden Variablen. Die Tabelle 4.1 enthält eine Übersicht über die Nomenklatur der Variablen.

Wir haben bereits die digitalen Eingaben mit Hilfe der Proxies für `DigitalInterface` verwendet. Diese Eingabe liefert als Ausgabe entweder 0 oder 1 zurück; als Variable verwenden wir dafür b_i; dabei soll i die Nummer der Taste kennzeichnen.

Tabelle 4.1 Die Variablen für die Beschreibung der Navigation

Eingabeparameter	Variable	Beschreibung
Taste	$b_i \in \{0,1\}$	Digitale Eingabe
Kopfposition	$\mathbf{h}_p$	Punkt im Raum
Orientierung des Kopfes	$\mathbf{h}_d$	Richtungsvektor
Position des Handsteuergerätes	$\mathbf{w}_p$	Punkt im Raum
Orientierung des Handsteuergerätes	$\mathbf{w}_d$	Richtungsvektor
Bewegungsrichtung	$\mathbf{d}$	Richtungsvektor
Maximale Geschwindigkeit	v_{max}	Skalar
Geschwindigkeit	$v \in [0, v_{max}]$	Skalierung für $\mathbf{d}$
Blickrichtung	$\mathbf{p}$	Richtungsvektor

Als `PositionalInterface` können wir in VR Juggler die Orientierung und Position des Kopfes und des Handsteuergerätes abfragen. Beide Informationen erhalten wir als 4×4-Matrizen, die wir mit O_h und O_w bezeichnen. Für die Definition der Navigation unterscheiden wir zwischen der Position von Kopf und Handsteuergerät und bezeichnen diese Punkte mit $\mathbf{h}_p$ und $\mathbf{w}_p$. Diese Position lesen wir in der vierten Spalte der homogenen Matrix ab.

Als Default für den Richtungsvektor verwenden wir die negative z-Achse im entsprechenden Koordinatensystem; in homogenen Koordinaten ist dieser Vektor durch $(0,0,-1,0)^T$ gegeben. Der Richtungsvektor $\mathbf{h}_d$ für den Kopf ist dann durch

$$\mathbf{h}_d = O_h \begin{pmatrix} 0 \\ 0 \\ -1 \\ 0 \end{pmatrix}. \tag{4.1}$$

gegeben. Der Richtungsvektor $\mathbf{w}_d$ ist analog definiert.

Für die interaktive Definition der Bewegungsrichtung $\mathbf{d}$ gibt es verschiedene Möglichkeiten der Definition. Am Einfachsten ist es, als Bewegungsrichtung den Vektor des Handsteuergerätes oder des Kopfes zu verwenden:

$$\mathbf{d} = \mathbf{w}_d, \quad \mathbf{d} = \mathbf{h}_d. \tag{4.2}$$

Sind die Tasten für die digitale Eingabe wie in Abb. 4.3 angeordnet, kann die Bewegungsrichtung durch

$$\mathbf{b} = \begin{pmatrix} b_2 - b_0 \\ 0 \\ b_1 - b_3 \end{pmatrix}, \mathbf{d} = \frac{1}{||\mathbf{b}||}\mathbf{b}. \tag{4.3}$$

definiert werden. Ob diese Definition sinnvoll ist hängt natürlich von der Anordnung der Tasten auf dem verwendeten Handsteuergerät ab.

Abb. 4.3 Eine Anordnung der Tasten für die digitale Eingabe

In der Literatur werden eine Reihe von *leaning models* eingeführt. Damit sind Modelle für eine Richtungsänderung gemeint, die durch ein Vor- oder Zurücklehnen des Benutzers definiert werden. Für unsere Orientierung des Weltkoordinatensystems ist diese Richtungsänderung durch die x- und die z-Koordinate der Kopfposition gegeben:

$$\mathbf{l} = \begin{pmatrix} h_{px} \\ 0 \\ h_{pz} \end{pmatrix}, \mathbf{d} = \frac{1}{\|\mathbf{l}\|}\mathbf{l}. \qquad (4.4)$$

Drei Freiheitsgrade in Gleichung (4.4) können verwendet werden; allerdings müssen die Benutzer dann in die Knie gehen, so dass meist mit zwei Freiheitsgraden gearbeitet wird. Ersetzt man in Gleichung (4.4) den Richtungsvektor durch den Vektor zwischen Kopf und Handsteuergerät, dann erhält man das leaning model

$$\mathbf{l} = \begin{pmatrix} h_{px} - w_{px} \\ 0 \\ h_{pz} - w_{pz} \end{pmatrix}, \mathbf{d} = \frac{1}{\|\mathbf{l}\|}\mathbf{l}. \qquad (4.5)$$

In diesem Fall sind auch drei Freiheitsgrade verwendbar; allerdings wird die Interpretation durch die Benutzer schwieriger.

Als Approximation der Position der Hüfte des Benutzers kann der Punkt $(h_{px}, \frac{1}{2}h_{py}, h_{pz})$ verwendet werden. Als Definition für die Bewegungsrichtung wird dann die normalisierte Differenz zwischen der Hüfte und der Position des Handsteuergerätes verwendet:

$$\mathbf{l} = \begin{pmatrix} w_{px} - h_{px} \\ w_{py} - h_{py} \\ w_{pz} - h_{pz} \end{pmatrix}, \mathbf{d} = \frac{1}{\|\mathbf{l}\|}\mathbf{l}. \qquad (4.6)$$

Die Geschwindigkeit der Bewegung ist durch den Richtungsvektor $\mathbf{d}$ und einen Betrag v gegeben, mit dem wir den Vektor skalieren; insgesamt gilt

$$\mathbf{v} = v\,\mathbf{d}. \qquad (4.7)$$

Auch für die Definition des Skalars v gibt es eine ganze Menge von Möglichkeiten. Ist ein analoges Eingabegerät, etwa ein

Drehregler, verfügbar, kann der Skalar v direkt mit diesem Gerät beeinflusst werden.

Grundsätzlich kann der Skalar v absolut als Skalierung für die Bewegungsrichtung eingesetzt werden. Das kann allerdings zu ruckartigen Veränderungen der Geschwindigkeit führen. Möchte man das vermeiden, kann man bei einem Wert $v > 0$ die Anwendung in einen Beschleunigungsmodus versetzen. Der Wert für v steigt dann in einem vorgegebenen Zeitintervall von 0 zum definierten Wert v an. Die Interpolation während dieser Beschleunigung kann dabei linear oder mit einem slow-in-slow-out-Verhalten durchgeführt werden.

Eine Möglichkeit für die Definition des Skalars v ist die Verwendung der Orientierung des Handsteuergerätes. Je größer der Winkel zwischen dem Vektor $\mathbf{w}_d$ und der negativen z-Achse des lokalen Koordinatensystems des Handsteuergerätes ist, desto größer soll v sein. Dazu berechnen wir die Elevation $\theta_w \in \left[-\frac{\pi}{2}, \frac{\pi}{2}\right]$ wie in Abb. 4.4 als

$$\theta_w = \arcsin\left(w_{dy}\right). \tag{4.8}$$

Abb. 4.4 Die Berechnung der Elevation θ_w für die Definition der Geschwindigkeit im lokalen Koordinatensystem des Handsteuergerätes

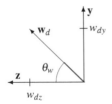

Damit können wir nun den Betrag der Geschwindigkeit als

$$v = \frac{2\,|\theta_w|}{\pi} v_{max} \tag{4.9}$$

definieren. Analog zur Elevation des Handsteuergerätes kann auch die Elevation für den Kopf durch

$$\theta_h = \arcsin(h_{dy}) \qquad (4.10)$$

definiert werden. Dann kann die Geschwindigkeit durch Neigen des Kopfes beeinflusst werden:

$$v = \frac{2|\theta_h|}{\pi} v_{max}. \qquad (4.11)$$

Auch die Tasten der digitalen Eingabe können für die Beeinflussung der Geschwindigkeit verwendet werden. Wir wählen eine Taste b_i aus und setzen

$$v = b_i v_{max}. \qquad (4.12)$$

Hier bietet es sich an, einen Beschleunigungsmodus zu verwenden. Wird die Taste gedrückt, dann wird bis auf die maximale Geschwindigkeit beschleunigt. Wird die Taste freigegeben, wird langsam wieder auf $v = 0$ abgebremst.

Wie für die Definition der Bewegungsrichtung können auch für die Geschwindigkeit leaning models eingesetzt werden. Je weiter sich der Benutzer in eine Richtung lehnt, desto größer soll die Geschwindigkeit werden. Dabei wird die Auslenkung in Relation zur Größe der Fläche R gesetzt, die mit der Positionsverfolgung überdeckt wird:

$$v = \frac{\sqrt{h_{px}^2 + h_{pz}^2}}{R} v_{max} \qquad (4.13)$$

Die Blickrichtung $\mathbf{p}$ ist im Kamerakoordinatensystem die negative z-Achse. Ist die Blickrichtung und ein View-Up-Vektor bekannt, kann das Kamerakoordinatensystem definiert werden; den Algorithmus dafür findet man in jedem Buch zur Computer-

grafik. Die einfachste Möglichkeit für die Definition der Blickrichtung ist es, die Bewegungsrichtung dafür zu verwenden:

$$\mathbf{p} = \mathbf{d}. \tag{4.14}$$

Eine andere Möglichkeit für die Beeinflussung der Blickrichtung ist

$$\mathbf{p} = \mathbf{w}_d. \tag{4.15}$$

oder

$$\mathbf{p} = \mathbf{h}_d. \tag{4.16}$$

Wir verwenden also die Orientierung des Handsteuergerätes oder
des Kopfes des Benutzers für die Definition der Blickrichtung.

Verwendet man einen festen Winkel φ, dann kann die Blickrichtung auch mit den Tasten definiert werden:

$$\mathbf{p} = \begin{pmatrix} b_2\varphi - b_0\varphi \\ 0 \\ b_1\varphi - b_3\varphi \end{pmatrix}. \tag{4.17}$$

Verwendet man $\varphi = \frac{\pi}{2}$, kann man damit die Standard-Ansichten
wie Front-, Drauf- oder Seitenansicht erzeugen.

Wie für die vorangegangenen Definitionen kann auch für die
Blickrichtung ein leaning model definiert werden. Dazu berechnen wir den Winkel zwischen der negativen z-Achse des Weltkoordinatensystems und der Kopfposition als

$$\theta_p = \arcsin(h_{pz}). \tag{4.18}$$

Diesen Winkel setzen wir in eine Rotationsmatrix um die x-
Achse $R_x(\theta_p)$ ein und erhalten

$$\mathbf{p} = R_x(\theta_p) \begin{pmatrix} 0 \\ 0 \\ -1 \end{pmatrix}. \tag{4.19}$$

Bewegt sich der Benutzer in z-Richtung im CAVE, dann wird das Bild entsprechend gekippt. Analog ist auch eine Beeinflussung in x-Richtung definierbar.

4.2.2 Realisierung mit VR Juggler

Die beschriebenen Möglichkeiten zur Beeinflussung der Bewegung und der Blickrichtung können alle mit Hilfe von GMTL und den Eingabegeräten in VR Juggler implementiert werden. Exemplarisch verwenden wir die Definition der Bewegungsrichtung durch die Richtung des Handsteuergerätes in Gleichung (4.2) und die Steuerung des Skalars v mit Hilfe der Tasten vjButton3 und vjButton4 für eine Erhöhung beziehungsweise Verringerung der Geschwindigkeit.

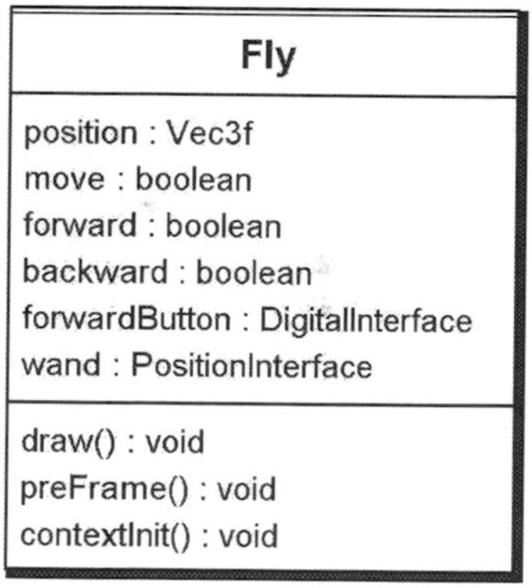

Fly
position : Vec3f
move : boolean
forward : boolean
backward : boolean
forwardButton : DigitalInterface
wand : PositionInterface
draw() : void
preFrame() : void
contextInit() : void

Abb. 4.5 Die Anwendungsklasse Fly

Die Anwendungsklasse Fly in Abb. 4.5 leiten wir von GlApp ab. Der Vektor position enthält die Position des Benutzers bei der Navigation durch die Szene. In der grafischen Ausgabe

verwenden wir diesen Vektor und machen daraus mit Hilfe der
GMTL eine Translationsmatrix. Diese Matrix laden wir in den
OpenGL-Stack und geben dann die Szene aus:

```
void Fly::draw(void)
{
  ...
   glColor3fv(colorYellow);
   Matrix44f interactivePosition =
      makeTrans<Matrix44f>(position);
   glMultMatrixf(
     interactivePosition.getData());
   glCallList(*set);
  ...
}
```

In `Fly::preFrame` muss auf die Tasten reagiert werden.
Die Orientierung des Handsteuergerätes kann mit Hilfe von

```
Matrix44f wandMatrix = wand->getData()
```

abgefragt und in einer homogenen Matrix gespeichert werden.
Jetzt sind wir soweit die Funktion zu implementieren:

```
void Fly::preFrame(void)
{
 Matrix44f wandMatrix = wand->getData(),
            positionDelta;
 Vec3f  trans = Vec3f(0.0f,0.0f,-1.0f);
 trans = wandMatrix*trans;

 if (forwardButton->getData()==ON) {
      position -= delta*trans;
 }
 if (accelerateButton->getData()
     ==Digital::TOGGLE_ON) {
      delta += deltaInc;
```

```
           if (delta >= 1.0f) delta = 0.5f;
    }
    if (slowdownButton->getData()
        ==Digital::TOGGLE_ON) {
        delta -= deltaInc;
        if (delta <= 0.001f) delta = 0.5f;
    }
}
```

Mehr ist nicht zu tun, wir können nun im Simulator oder auch in einer anderen VR-Umgebung durch die Szene fliegen. In Abb. 4.6 sieht man die Anwendung im Simulationsfenster während des „Fliegens" durch die Szene. Sollen nur zwei Freiheitsgrade verwendet, also eher ein Gehen simuliert werden, dann wird die y-Koordinate für die Position nicht verändert.

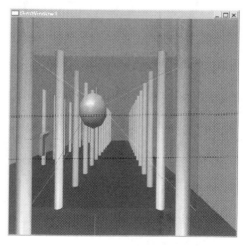

Abb. 4.6 Die Navigation durch eine Szene im Simulator

4.2.3 Interaktion mit Objekten

Auch bei der Lösung für das „Greifen" nach einem Objekt ist die
GMTL eine große Hilfe. In der Anwendung werden zwei Kugeln
ausgegeben. Wenn wir das Handsteuergerät durch die Szene bewegen und dabei eine der beiden Kugeln berühren oder durch-
dringen, dann soll diese Kugel ausgewählt werden. Damit wir
dies in der Anwendung visuell erkennen, wird die ausgewählte
Kugel rot dargestellt. In Abb. 4.7 ist das simulierte Handsteuergerät am Rand der rechten Kugel zu sehen; die Farbe dieser
Kugel hat sich verändert.

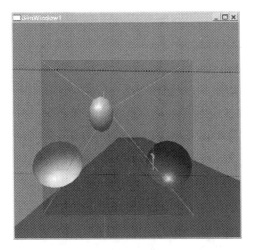

Abb. 4.7 Auswahl der rechten Kugel durch das Handsteuergerät

Die Position des Handsteuergerätes kann in `preFrame` abgefragt werden; VR Juggler liefert ständig die Abtastwerte, auch
ohne dass einer der Schalter betätigt wurde. Jetzt benötigen wir

eine Entscheidung, ob die Position innerhalb eines der Objekte in der Szene liegt. Für zwei Kugeln ist dies natürlich mit einer einfachen Berechnung möglich. Aber die Anwendungsklasse in Abb. 4.8 soll eine weitere GMTL-Funktionalität illustrieren.

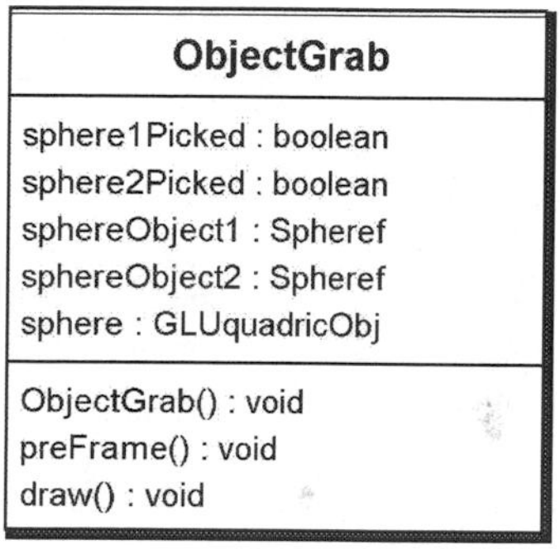

ObjectGrab
sphere1Picked : boolean sphere2Picked : boolean sphereObject1 : Spheref sphereObject2 : Spheref sphere : GLUquadricObj
ObjectGrab() : void preFrame() : void draw() : void

Abb. 4.8 Die Anwendungsklasse ObjectGrab

Zusätzlich zu der Display-Liste, mit der wir die Kugeln in OpenGL ausgeben, deklarieren wir zwei Kugeln als GMTL-Objekte. Im Konstruktor der Anwendungsklasse definieren wir die beiden GMTL-Objekte:

```
ObjectGrab::ObjectGrab(void) {
  ...
  Point3f sphere1_center =
        Point3f(2.5f, 4.0f, -2.5f),
      sphere2_center =
        Point3f(-2.5f, 4.0f, -2.5);
  sphereObject1.setCenter(sphere1_center);
  sphereObject1.setRadius(1.0f);
  sphereObject2.setCenter(sphere2_center);
  sphereObject2.setRadius(1.0f);
}
```

Der Rest wird wieder in preFrame erledigt:

```
void ObjectGrab::preFrame(void)
{
  Point3f pos =
      makeTrans<Point3f>(wand->getData());
  sphere1Picked =
          isInVolume(sphereObject1, pos);
  sphere2Picked =
          isInVolume(sphereObject2, pos);
}
```

Die Funktion `gmtl::isInVolume` kann einen Punkt, der durch `Point3f` gegeben ist, darauf überprüfen, ob er in einem Volumen liegt. Hier wurden Kugeln verwendet, aber GMTL bietet unter anderem auch achsenorientierte Quader an. Damit kann eine einfache Kollisionsüberprüfung durchgeführt werden.

Für die Auswahl von Objekten gibt es eine ganze Reihe von Verfahren für die Selektion. Möglich ist ein „ray-cast-select" wie in [12]. Alle diese Ansätze sind nicht von VR Juggler abhängig, sondern können generisch implementiert werden. In [46] werden diese Techniken unabhängig vom verwendeten VR-Toolkit beschrieben und evaluiert.

4.3 Visualisierung von Vektorfeldern

Das Ergebnis einer Strömungsdynamik-Simulation ist eine Diskretisierung eines Vektorfelds. [29] gibt eine Darstellung der Theorie und der verwendeten numerischen Algorithmen. Ein einfaches Beispiel eines zweidimensionalen Vektorfelds, gegeben durch die Funktion

$$\mathbf{f}(x,y) = (-y,x)^T \qquad (4.20)$$

zeigt Abb. 4.9. Neben der Richtung, die in der Abbildung durch die Vektoren angegeben wird, ist auch die Länge der Vektoren unterschiedlich.

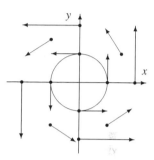

Abb. 4.9 Das zweidimensionale Vektorfeld $\mathbf{f}(x,y) = (-y,x)^T$

Für die Visualisierung von Vektorfeldern gibt es eine ganze Reihe von Methoden, die in [8] gut dargestellt sind. Wir werden für unsere Anwendung Feld- oder Stromlinien verwenden. Diese Kurven beschreiben den Weg eines Partikels, das an einem Ausgangspunkt in das Vektorfeld gegeben wird und sich anschließend durch das Vektorfeld bewegt. In Experimenten wird häufig Tinte in Wasser oder Rauch in einem Luftstrom verwendet. Diese Stromlinien können als Lösungen einer gewöhnlichen Differenzialgleichung bestimmt werden. In Abb. 4.9 ist eine Stromlinie eingezeichnet. Wenn der Anfangswert auf dem dargestellten Kreis um den Ursprung liegt, dann ist der Kreis selbst die Stromlinie.

4.3.1 Strömungsvisualisierung mit VTK

Das Visualization Toolkit enthält Klassen, die diskrete Vektorfelder in vielen Formaten einlesen können, welche von Simulations-

Software erzeugt werden. Für die Visualisierung mit Hilfe von
Stromlinien gibt es Klassen, die eine Partikelquelle definieren
und anschließend die dazu gehörigen Differenzialgleichungen
mit einem Runge-Kutta-Fehlberg-Verfahren numerisch integrieren. Das Ergebnis dieser numerischen Verfahren ist ein Polygon-
zug.

Für die Partikelquelle verwenden wir eine Linie, eine Instanz
der Klasse `vtkLineSource`. Nach der Integration mit Hilfe
der Klasse `vtkStreamLine` wird das Ergebnis an eine Instanz von `vlgGetVTKPolyData` übergeben. Mit dieser Instanz können die Stromlinien mit OpenGL ausgegeben werden:

```
streamers = vtkStreamLine::New();
streamers->SetInput(field);
streamers->SetSource(line->GetOutput());
streamers->
        SetMaximumPropagationTime(maxTime);
streamers->SetStepLength(maxTime/500.0);
streamers->
        SetIntegrationStepLength(0.2);

polyData->setData(
                streamers->GetOutput());
polyData->processData();
```

Mit der VTK-Installation erhält man einige frei zugängliche
Datensätze. Wir verwenden die Datei `kitchen.vtk`, die das
Ergebnis der Simulation der Luftzirkulation in einer „Küche"
enthält. Für die bessere Orientierung werden auch einige „Möbel"
in der Szene dargestellt. Abb. 4.10 zeigt die Stromlinien in einem
OpenGL-Fenster.

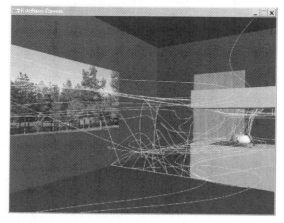

Abb. 4.10 Stromlinien in einer OpenGL-Anwendung

4.3.2 Realisierung mit VR Juggler

Bevor wir eine VR Juggler-Anwendung implementieren, müssen wir sinnvolle Interaktionen festlegen. Bei der Untersuchung eines Vektorfelds ist man daran interessiert, die kritischen Punkte des Felds zu finden. Mit kritischen Punkten bezeichnet man Quellen oder Senken im Feld und insbesondere Stellen, an denen Wirbel und Turbulenzen auftreten. Es macht also sicher keinen Sinn, die Partikelquelle im Raum fixiert zu lassen, sondern die Partikelquelle soll mit Hilfe des Handsteuergerätes durch den Raum bewegt werden können. Möglich wäre auch, die geometrische Form der Partikelquelle zu verändern. Neben Stromlinien gibt es noch weitere Möglichkeiten für die Visualisierung, beispielsweise die Darstellung kleiner Partikel, die sich entlang der berechneten Stromlinien bewegen. Damit können wir in der VR-Anwendung „Rauch" aus der Partikelquelle oder aus dem Hand-

steuergerät entweichen lassen. Sind die Polygonzüge nicht gut
sichtbar, kann man Tuben, also kleine Schläuche, um die Lini-
en berechnen und ausgeben. Mit Hilfe von impliziten Flächen
können wir ganze Fronten in das Feld geben und beobachten,
wie sich diese Flächen im Feld bewegen ([16]).

Wir beschränken uns in unserem Beispiel auf die Bewegung
der Partikelquelle mit Hilfe des Handsteuergerätes. Als Partikelquelle soll eine Linie verwendet werden. Mit den beiden
Buttons vjButton0 und vjButton2 soll diese Linie entlang der z-Achse des Handsteuergerätes translatiert werden. Mit
vjButton0 soll die Linie zum Gerät hin, mit vjButton2
vom Gerät weg bewegt werden. vjButton1 rotiert die Linie
um die y-Achse des Weltkoordinatensystems und den Mittel-
punkt der Linie. Dazu könnte auch eine analoge Eingabe verwendet werden.

Der Datensatz wird nach dem Einlesen so skaliert, dass er
exakt in den verwendeten CAVE passt. Beachten müssen wir
zusätzlich, dass die Simulation eine andere Konfiguration für die
Weltkoordinatenachsen verwendet als VR Juggler. In der Simulation zeigt die z-Achse nach oben. Das bedeutet, dass für die
Visualisierung eine Rotation um die x-Achse durchgeführt werden muss.

Als Einheiten werden Meter verwendet, also müssen wir
die Funktion getDrawScaleFactor überschreiben. Da wir
die Orientierung des Handsteuergerätes für die Bewegung der
Quelle verwenden, initialisieren wir auch ein Gerät vom Typ
PositionInterface:

```
void Kitchen::init() {
  rakePlusButton.init("VJButton2");
  rakeMinusButton.init("VJButton0");
  rakeRotateButton.init("VJButton1");
  wand.init("VJWand");
}
```

Die Quelle für die Integration muss an die VTK-Pipeline übergeben und soll natürlich auch visualisiert werden. Dafür implementieren wir die Klasse `Rake`. Diese Klasse hat Funktionen für das Erzeugen einer `vtkLineSource` als Eingabe an die VTK-Pipeline, aber auch Funktionen wie `draw` für die Ausgabe und `translate(Vec3f trans)` für die interaktive Positionierung in der Anwendung. Für die Integration des Vektorfelds wird die Klasse `StreamLines` implementiert. Dort ist in der Funktion `compute` die eigentliche VTK-Pipeline enthalten. Diese Klasse enthält auch eine Instanz unseres Adapters zwischen VTK und OpenGL, denn als Ergebnis werden Polygonzüge erzeugt.

Abb. 4.11 Die Stromlinien im Simulationsfenster von VR Juggler

Wird die Quelle bewegt, dann muss in preFrame nicht nur die Translation für die Quelle berechnet, sondern die Quelle für die VTK-Pipeline verändert und anschließend die Integration neu durchgeführt werden:

```
void Kitchen::preFrame(void)
{
  float delta = 0.25f;
  Matrix44f wandMatrix = wand->getData();
  Vec3f  minustrans, trans =
                 Vec3f(0.0f, 0.0f, -delta);
  trans = wandMatrix*trans;
  ...
  if (rakePlusButton->getData()==
                 Digital::TOGGLE_ON)
  {
    rake->translate(trans);
    streamlines->compute();
    linedata = streamlines->getPolyData();
    linedata->processData();
  }
  ...
}
```

Den kompletten Quelltext und eine Online-Dokumentation gibt es auf der Website zum Buch. Abb. 4.11 zeigt das Endergebnis, die Stromlinien im Simulationsfenster von VR Juggler.

4.4 Qualität von Freiformflächen

Unser zweites Anwendungsbeispiel stammt aus der Automobilindustrie. Die Geometrie der Fahrzeuge wird seit langer Zeit in Form von NURB-Flächen in 3D CAD-Systemen erstellt, insbesondere dem CAD-System CATIA. Neben dem ästhetischen Aspekt der Konstruktion ist die Qualität der generierten Flächen, nämlich die Stetigkeit der Übergänge, Differenzierbarkeit, Torsion oder Krümmung wichtig. Die Karosserie besteht aus einer großen Menge einzelner Flächen, die beispielsweise durch Blending zu einer Gesamtfläche zusammengesetzt werden.

4.4.1 Visualisierungsmethoden

Bei der Untersuchung der Flächenqualität stehen insbesondere Punkte oder Kurven auf einer Freiformfläche im Zentrum des Interesses, an denen die Fläche nicht zweimal stetig differenzierbar ist. In vielen CAD-Systemen kann die Krümmung einer Fläche mit Hilfe von Fehlfarben dargestellt werden ([50]); dies gehört heute zum Stand der Technik. Andere Algorithmen für die visuelle Untersuchung der Qualität von Freiformflächen, der *surface interrogation*, berechnen geometrische Objekte wie Fokalflächen, die in [28] vorgeschlagen werden.

Neben den Fokalflächen werden Reflexionslinien ([36, 34]) für die Visualisierung der Flächenqualität verwendet. Diese Methode orientiert sich an der Freigabe-Prozedur für ein neues Styling. Das Modell wird unter einer Anzahl von parallelen Lichtquellen begutachtet; wichtig sind hier insbesondere die Reflexionen dieser Lichtbänder auf den Flächen.

Reflexionslinien beschreiben die Projektion der Lichtbänder auf die untersuchte Fläche, vom aktuellen Standort des Betrachters aus gesehen. Wir sehen eine Reflexion, wenn wir exakt in die durch die Normale an einem Punkt definierte Reflexionsrichtung r sehen. Dies macht man sich in der Computergrafik bei der Modellierung des spiegelnden Terms im Beleuchtungsgesetz von Phong zu Nutze. Um zu entscheiden, ob ein Punkt P der Fläche auf einer Reflexionslinie liegt, müssen wir zwei Geraden schneiden. Eine Gerade ist durch eine Lichtlinie gegeben, die wir durch einen Punkt L und den Richtungsvektor $\mathbf{l}$ repräsentieren. Die andere Gerade verläuft durch den untersuchten Punkt P. Als Richtungsvektor verwenden wir den Vektor $\mathbf{r}$; die an der Normale im Punkt P reflektierte Richtung zwischen P und dem Augpunkt E. Schneiden sich diese beiden Geraden, dann liegt P offensichtlich auf einer Reflexionslinie. Abbildung 4.12 verdeutlicht diese geometrische Überlegung.

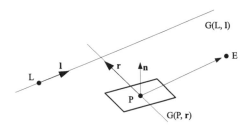

Abb. 4.12 Der Punkt P liegt auf einer Reflexionslinie, falls sich die Geraden $G(L, \mathbf{l})$ und $G(P, \mathbf{r})$ schneiden

Für die schnelle Überprüfung, ob ein Punkt P auf einer Reflexionslinie liegt, wird das Spatprodukt verwendet. Zwei Geraden mit den Punkten P_1, P_2 und den Richtungsvektoren $\mathbf{d}_1$ und $\mathbf{d}_2$ schneiden sich, wenn das Spatprodukt Null ergibt:

$$\frac{\langle \mathbf{P_1P_2}, \mathbf{d_1} \times \mathbf{d_2} \rangle}{\|\mathbf{d_1} \times \mathbf{d_2}\|} = 0 \tag{4.21}$$

Für die Berechnung der Reflexionslinien sind also alle Punkte P auf der untersuchten Fläche gesucht, die als Lösung von Gleichung (4.22) bestimmt werden können:

$$\frac{\langle \mathbf{PL}, \mathbf{r} \times \mathbf{l} \rangle}{\|\mathbf{r} \times \mathbf{l}\|} = 0 \tag{4.22}$$

Bei einer Parameterfläche sind die Punkte P durch die Parameterwerte u und v gegeben. Dann stellen die Lösungen der Gleichung (4.22) eine Kurve dar, die auf der Fläche verläuft. Reflexionslinien sind abhängig von der Position des Betrachters; verändert sich der Aufpunkt E, müssen die Kurven neu berechnet werden. In [6, 7] wurden Highlight Lines als Alternative für die Reflexionslinien eingeführt. Diese Kurven entstehen aus Reflexionslinien, wenn sich der Augpunkt E im Unendlichen befindet. Für das Spatprodukt zur Schnittberechnung wird der Reflexionsvektor $\mathbf{r}$ durch den Normalenvektor $\mathbf{n}$ ersetzt. Also sind Highlight Lines als Lösung der Gleichung

$$\frac{\langle \mathbf{PL}, \mathbf{n} \times \mathbf{l} \rangle}{||\mathbf{n} \times \mathbf{l}||} = 0 \tag{4.23}$$

gegeben. Eine weitere Alternative zu Reflexionslinien stellen die Isophoten ([43]) dar. Darunter versteht man Linien gleicher Helligkeit. Für die Lichtrichtung $\mathbf{l}$ und einem Punkt P mit Normalenvektor $\mathbf{n}$ ist die Helligkeit mit Hilfe des Lambert-Terms im Beleuchtungsgesetz von Phong gegeben; also durch das Skalarprodukt $\langle \mathbf{n}, \mathbf{l} \rangle$. Auch diese Kurven sind sehr sensitiv gegenüber kleinen Veränderungen der untersuchten Freiformfläche.

Alle vorgestellten Linien sind Kurven erster Ordnung. Ist die untersuchte Fläche am Punkt P k-mal stetig differenzierbar, sind Isophoten, Reflexionslinien und Highlight Lines dort $(k-1)$-mal stetig differenzierbar. Ist eine Fläche also an einem Punkt nur C^1, dann sind die Tangenten der berechneten Kurve an diesem Punkt nicht stetig – die Kurve hat einen Knick. In Abb. 4.13 ist eine solche Situation dargestellt. Das Flächenstück ist in dem mit einem Kreis markierten Bereich nur einmal differenzierbar; die Highlight Lines in der Abbildung zeigen dies an.

Die Modellierung realer Lichtbänder durch die Gerade $G(L, \mathbf{l})$ stellt nur eine grobe Näherung dar. In [7] werden *Highlight Bands* eingeführt. Ist die Lichtquelle durch einen Zylinder vom

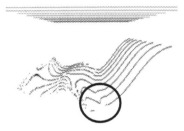

Abb. 4.13 Highlight Lines auf einer Fläche; die mit dem Kreis gekennzeichnete Stelle deutet auf C^1-Stetigkeit hin

Radius R gegeben, dann liegt ein Punkt P genau dann auf dem Highlight Band, falls

$$\frac{|\langle \mathbf{PL}, \mathbf{n} \times \mathbf{l} \rangle|}{||\mathbf{n} \times \mathbf{l}||} \leq R \qquad (4.24)$$

erfüllt ist. Dieser Begriff kann selbstverständlich auch auf Reflexionslinien und Isophoten übertragen werden.

Wie die Isophoten können auch Reflexionslinien und Highlight Lines als Konturlinien einer skalaren Funktion interpretiert werden. Die Punkte auf einer Reflexionslinie oder einer Highlight Line sind die Punkte, für die die skalare Funktion den Konturwert 0 hat. Für die Berechnung von Konturlinien gibt es eine ganze Reihe von Algorithmen; meist werden Varianten des Marching-Cubes-Algorithmus ([38]) dafür eingesetzt. Für die Berechnung der Bänder aus Gleichung (4.24) können mehrere Konturlinien zwischen den Werten $-R$ und R berechnet und dargestellt werden. Der Vorteil der von der Betrachterposition unabhängigen Isophoten und Highlight Lines ist, dass diese Konturlinien apriori berechnet und visualisiert werden können. Verändert der Anwender interaktiv die Definition der Lichtlinien, müssen die Konturlinien neu berechnet werden.

4.4.2 Realisierung mit VR Juggler

Für die Realisierung einer Anwendung zur immersiven Untersuchung der Flächenqualität mit VR Juggler benötigen wir als Erstes eine Repräsentation des zu untersuchenden Objekts. Als Beispiel werden wir dabei kein Automobil verwenden, sondern eine Fläche, die in Maya erzeugt wurde. Die Fläche besteht aus drei Teilen; zwei einfachen NURB-Flächen und einem von Maya berechneten Übergang, einer Blending-Fläche. Dabei wurde die Blending-Fläche so konstruiert, dass der Übergang nur $G1$-, also geometrisch stetig ist. Das bedeutet, dass die Tangenten zwar alle die gleiche Richtung haben, aber nicht die gleiche Länge. Alle eingeführten Konturlinien müssen dann auf diesem Übergang Knicke aufweisen.

Die Repräsentation der NURB-Fläche bringt gleich das erste Problem mit sich. Die Daten können aus dem CAD-System natürlich in vielen Formaten exportiert werden. Es ist nahe liegend ein CAD-Austauschformat wie STEP oder VDA-IS zu verwenden. Diese Formate sind weit verbreitet und können die Spline-Koeffizienten unserer Freiformfläche exakt speichern.

Wählen wir als Grafik-API OpenGL, dann sind dort in der GLU-Bibliothek Funktionen zum Ausgeben von Spline-Kurven und -flächen verfügbar. Aber für eine immersive Anwendung ist die erreichbare Frame-Rate extrem wichtig. Deshalb werden in der Automobilindustrie die Freiformflächen tesseliert und als polygonale Netze in die VR-Anwendung importiert. Ziel dieser Tesselierung ist natürlich, eine möglichst genaue Approximation durch die Drei- und Vierecke zu berechnen. Das wird meist durch die Vorgabe des maximal zulässigen Sehnenfehlers kontrolliert. Auf der anderen Seite steht natürlich die maximal zulässige Anzahl der darstellbaren Polygone. Wir müssen bedenken, dass in einem CAVE nicht nur eine, sondern eine ganze

Reihe von Grafik-Pipelines die Polygone möglichst schnell ver-
arbeiten müssen.

Die tesselierte Freiformfläche kann mit Hilfe von OpenGL
problemlos dargestellt werden. An den Eckpunkten des polygonalen Netzes benötigen wir für die Berechnungen der Konturlinien einen Normalenvektor. Dieser Vektor kann aus der
NURB-Repräsentation berechnet und im Netz als Attribut der
Eckpunkte abgelegt werden. Für die Berechnung der Konturlinien wird, wie schon für die Visualisierung von Vektorfeldern,
eine VTK-Pipeline realisiert. Wir haben bereits erfolgreich eine VTK-Pipeline an VR Juggler übergeben. Und die Autoren
der VTK sind auch die Urheber des Marching Cubes Algorithmus. Wird die VTK auf Basis der Quellen installiert, erhält man
die patentierte Implementierung des Marching Cubes Algorithmus. Ein weiterer Vorteil von VTK ist, dass diese Bibliothek
eine Vielzahl von Importfiltern für geometrische Formate bietet, so dass leicht auch andere geometrische Objekte in die Anwendung importiert werden können. Für das Beispiel wurde das
Flächenstück aus Maya exportiert und in VTK weiter aufberei-
tet. Am Ende steht das Flächenstück als polygonales Netz in einer Datei zur Verfügung; die Normalenvektoren sind als Punkt-
daten im Netz abgespeichert. Diese Datei wird mit einer VTK-
Pipeline eingelesen; mit dem Adapter `vlgGetVTKPolyData`
kann dieses Objekt mit Hilfe von Vertex Arrays in VR Juggler
visualisiert werden. Das Objekt enthält Normalen, so dass auch
Normal Arrays aktiviert werden.

Wir verzichten im ersten Schritt auf die Realisierung der
Bänder aus Gleichung (4.24) und realisieren Highlight Lines als
Lösung von Gleichung (4.23). Für eine definierte Menge von
Lichtlinien berechnen wir an jedem Eckpunkt des polygonalen
Netzes einen Skalar. Diesen Wert erhalten wir durch Einsetzen
des aktuellen Eckpunkts und der aktuellen Normale in die Funk-
tion auf der linken Seite von Gleichung (4.23). Diese Ergebnisse
speichern wir in VTK als skalare Daten im polygonalen Netz ab.

Der Marching Cubes Algorithmus in VTK steht als Instanz der Klasse `vtkContourFilter` zur Verfügung. An diese Klasse übergeben wir das polygonale Netz mit den berechneten Skalaren, setzen den Konturwert auf $C = 0$ und berechnen dann die Konturlinien. Die Ausgabe von `vtkContourFilter` ist ein polygonales Netz; in unserem Fall erhalten wir Polygonzüge. Für jede Lichtlinie in unserer Szene müssen neue Skalare berechnet werden, die zu weiteren Polygonzügen führen.

In der `init`-Funktion unserer Anwendungsklasse lesen wir das Objekt ein und übergeben das Netz an Marching Cubes:

```
void Sive::init()
{
  reader = vtkPolyDataReader::New();
  reader->SetFileName("Data/bldG1.vtk");
  iso = vtkContourFilter::New();
  iso->SetInput(reader->GetOutput());
  iso->SetValue(0, 0.0);
  ...
}
```

In der Funktion `computeHighlightValues` realisieren wir die Berechnung der Skalare und fügen sie dem Datensatz, der durch `reader->GetOutput()` gegeben ist, hinzu.

```
void Sive::computeHighlightValues(void)
{
  ...
  int noP = reader->GetOutput()
              ->GetNumberOfPoints();
  double *surfaceNormal = new double[3];
  double *surfacePoint = new double[3];
  for (int i=0; i < noP; i++) {
    surfaceNormal = reader->GetOutput()
    ->GetPointData()
        ->GetNormals()->GetTuple(i);
```

```
surfacePoint = reader->GetOutput()
        ->GetPoints()->GetPoint(i);
    highlightNumbers->SetValue(i,
      highlightValue(
        surfacePoint, surfaceNormal));
 }
 reader->GetOutput()->GetPointData()
      ->SetScalars(highlightNumbers);
}
```

Sind die Skalare im Datensatz abgelegt, dann wird die VTK-Pipeline neu durchgeführt und die berechneten Polygonzüge werden mit Hilfe des Adapters `vlgGetVTKPolyData` ausgegeben.

Für die Berechnung der Skalare verwenden wir die GMTL, die Funktionen für das Skalar- und das Vektorprodukt und auch für das Normalisieren von Vektoren bereitstellt:

```
double Sive::highlightValue(
        double surfacePoint[3],
        double surfaceNormal[3])
{
 Vec3f sp, sn;
 sp.set(surfacePoint[0],
        surfacePoint[1],
        surfacePoint[2]);
 sn.set(surfaceNormal[0],
        surfaceNormal[1],
        surfaceNormal[2]);
 normalize(sn);
 return perpendicularDistance
                (sp, sn);
}

double Sive::perpendicularDistance(
```

```
                        Vec3f sp, Vec3f sn)
  {
    Vec3f help, diff, dir;
    diff.set(point[0],
             point[1], point[2]);
    dir.set(direction[0],
       direction[1], direction[2]);
    cross(help, dir, sn);
    diff -= 1.0f*sp;

    return dot(help, diff);
  }
```

In Abb. 4.14 ist ein Ergebnis für das Flächenstück im Simulationsfenster von VR Juggler zu sehen. Die für die Berechnung
verwendeten Lichtlinien werden als Linienstücke ebenfalls ausgegeben.

Die Highlight Lines sind unabhängig von der Position des Betrachters. So lange sich die Lichtlinien nicht verändern, müssen
die Linien nicht neu berechnet werden. Als Interaktion für die
Anwendung in VR Juggler ist eine Rotation und eine Translation
der Lichtlinien sinnvoll. Diese Interaktion kann wie für die Visualisierung von Vektorfeldern implementiert werden. Dort hatten wir die Quelle für die Berechnung der Stromlinien in Richtung der z-Achse des Handsteuergerätes bewegt. Dies können
wir übertragen; mit der Translation in `preFrame` werden die
Variablen `point` und `direction` verändert, die in der Berechnung des Spatprodukts verwendet werden. Die Skalare und
die Konturlinien müssen neu berechnet werden, so dass in `draw`
wieder die korrekten Linien dargestellt sind.

Die Berechnungen der Konturlinien in VTK sind durchaus
performant, so dass die Anwendung interaktive Bildwiederhol-
frequenzen erreichen kann. Wie schnell die Reaktion des Systems ist, hängt in erster Linie von der Anzahl der Punkte im un-

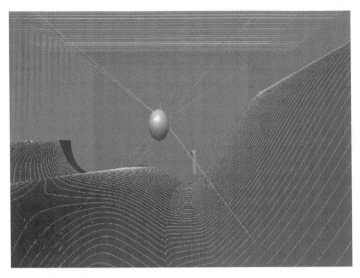

Abb. 4.14 Highlight Lines für ein Flächenstück in VR Juggler

tersuchten Objekt ab. Deshalb ist es wichtig, die Tesselation der Freiformfläche nicht zu fein zu berechnen. In einer Implementierung mit der CAVELib, VTK 4.0 und dem OpenGL Performer auf einer Silicon Graphics Onyx II an der Mississippi State University konnten mit dieser Anwendung Flächen mit bis zu 500 000 Dreiecken interaktiv untersucht werden ([15]).

Eine Möglichkeit, die Performanz der Anwendung zu steigern, ist natürlich, die Berechnung der Konturlinien zu optimieren. Nutzt man aus, dass die Lichtlinien in einer Ebene, beispielsweise parallel zur xy-Ebene des Weltkoordinatensystems liegen, dann kann die Berechnung der Skalare vereinfacht werden.

Mit Hilfe von Texture Mapping kann sogar ganz auf die Berechnung von Konturlinien verzichtet werden. Dazu repräsentieren wir die Lichtlinien mit Hilfe einer eindimensionalen Textur. In Abb. 4.15 sind zehn Lichtlinien als Textur repräsentiert. Dabei werden Lichtbänder mit einem Radius R verwendet, zum Rand der Bänder fällt die Helligkeit ab.

Abb. 4.15 Zehn Lichtlinien als eindimensionale Textur; zur Illustration ist die Bitmap als zweidimensionale Textur dargestellt

In [9] werden eine Reihe von Verfahren zur automatischen Vergabe von Texturkoordinaten vorgestellt. Für die Zwischenobjekte planares Viereck, Zylindermantel oder Kugelausschnitt ist die Vergabe von Texturkoordinaten einfach durchzuführen. Für ein beliebiges Objekt wird eines der Zwischenobjekte ausgewählt und eine bijektive Abbildung zwischen den Punkten des Objekts und der Zwischenobjekte beschrieben.

In der „object normal"-Methode wird die Gerade durch den aktuellen Eckpunkt verwendet, deren Richtungsvektor durch die Normale an diesem Punkt gegeben ist. Diese Gerade wird mit dem verwendeten Zwischenobjekt geschnitten und als Texturkoordinaten werden die des berechneten Schnittpunkts verwendet.

Die Lichtlinien in der vorgestellten Anwendung liegen in einer Ebene, die parallel zur xy-Ebene des Weltkoordinatensystems ist. Gehen wir davon aus, dass die Lichtlinien zu Beginn parallel zur x- oder y-Achse sind, dann können wir die Lichtlinien auch mit einem texturierten Viereck visualisieren.

Mit Hilfe des Spatprodukts wurde in Gleichung (4.23) entschieden, ob ein Schnittpunkt mit der Lichtlinie vorliegt. Diese Berechnung entspricht exakt der „object normal"-Methode. Mit (P_x, P_y, P_z) bezeichnen wir die Koordinaten des aktuellen Punktes; (n_x, n_y, n_z) seien die Koordinaten der Normalen an diesem

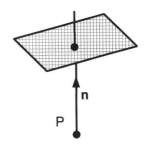

Abb. 4.16 Automatische Berechnung von Texturkoordinaten für ein planares Viereck
als Zwischenobjekt und der
„object normal"-Methode
nach [9]

Punkt. Liegen die Lichtlinien in einer Ebene $z = z_{light}$ berechnen sich die x- und y-Koordinaten der Schnittpunkte als

$$x = P_x + \frac{x_{light} - P_z}{n_z} n_x \qquad (4.25)$$

und

$$y = P_y + \frac{x_{light} - P_z}{n_z} n_y \qquad (4.26)$$

Skalieren wir diese Ergebnisse mit der Größe des verwendeten planaren Vierecks, auf der die Lichtlinien liegen, dann können wir aus diesen Werten die Texturkoordinate für den aktuellen Punkt berechnen. Je nach dem ob die Lichtlinien parallel zur x- oder zur y-Koordinate liegen, verwenden wir das Ergebnis aus Gleichung (4.25) oder (4.26).

Mit dieser Methode sind nun die Highlight Bands aus Gleichung (4.24) einfach zu implementieren. Wir müssen bei der Berechnung die Anzahl der Lichtbänder und den Radius R beachten. Und man kann entscheiden, ob das Licht in jedem Band konstant ist oder, wie schon in Abb. 4.15 verwendet, zum Rand hin abfällt. In Abb. 4.17 ist das Ergebnis für unser Beispiel abgebildet; auch hier ist der G^1-Übergang in der Mitte der Fläche gut zu erkennen.

Abb. 4.17 Highlight Bands mit Hilfe von Texture Mapping auf dem untersuchten Flächenstück; zur besseren Illustration wurde das Bild negativ dargestellt

Die Visualisierung mit Hilfe von Texture Mapping ist nicht auf die Highlight Lines beschränkt, auch die Isophoten und die Reflexionslinien können so effizient realisiert werden. Für die Reflexionslinien muss in den Gleichungen (4.25) und (4.26) der Vektor **n** durch den Reflexionsvektor **r** ersetzt werden. Die Berechnung für die Reflexionslinien muss immer dann durchgeführt werden, wenn sich die Lichtlinien oder der Augpunkt verändern.

Im Fall der Reflexionslinien können wir die Performanz mit Hilfe von Texture Mapping in OpenGL sogar noch weiter steigern. Es gibt außer der Verwendung von Zwischenobjekten die automatische Bestimmung von Texturkoordinaten für das Environment Mapping in OpenGL. Hier wird der Reflexionsvektor **r** dazu verwendet, um für eine gegebene Sphere oder Cube Map die Texturkoordinaten zu bestimmen. Ziel beim Environment Mapping ist es, Reflexionen der Umgebung in einem spiegelnden Objekt zu simulieren. Dies können wir auch für die Reflexionslinien verwenden, wenn wir in der Lage sind, eine entsprechende zweidimensionale Textur zur Verfügung zu stellen. Die Cube Map ist hier natürlich einfach, wie für die eindimensionale Textur in Abb. 4.15 können wir die Lichtbänder auf eine oder mehrere Seiten des Würfels legen und die sechs Texturen berechnen. Liegen die Lichtbänder wieder in einer Ebene parallel zur *xy*-Ebene des Weltkoordinatensystems, dann ist auch die Sphere Map einfach zu berechnen. Man verwendet dazu einen Ray-Tracing-Ansatz; wie in [8] beschrieben. Abbildung 4.18 zeigt das Ergebnis der Berechnung der Sphere Map für 10 parallel zur *x*-Achse des Weltkoordinatensystems verlaufenden Lichtbänder und Abb. 4.19 die damit visualisierten Reflexionsbänder.

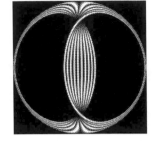

Abb. 4.18 Eine Sphere Map für 10 Lichtbänder, die parallel zur *x*-Achse des Weltkoordinatensystems liegen

Sphere und Cube Mapping werden von modernen OpenGL-Grafikkarten sehr effizient unterstützt. Die Performanz der Darstellung von Reflexionslinien mit Hilfe dieser Methode ist deshalb sehr gut; damit können sehr hoch aufgelöste polygonale Netze in einer immersiven Anwendung untersucht werden.

Abb. 4.19 Reflexionsbänder mit Hilfe von Sphere Mapping auf dem untersuchten Flächenstück; zur besseren Illustration wurde das Bild negativ dargestellt

4.5 Aufgaben

4.1. Navigation Implementieren Sie das dargestellte Beispiel für die Navigation durch eine Szene. Verwenden Sie dafür eine Menge von Zylindern, die Sie wie die Kugeln als Quadriken in der glu-Bibliothek ausgeben! Ersetzen Sie die Definition der Bewegungsrichtung durch eine der im Text dargestellten Alternativen!

4.2. Greifen von Objekten Implementieren Sie das dargestellte Beispiel für das Greifen eines Objektes. Erstellen Sie eine Anwendung, die zwei Kugeln ausgibt, und implementieren Sie die dargestellte Lösung!

4.3. Navigation mit Überprüfung auf Kollision Die Lösungen der Aufgaben 4.1 und 4.2 kann man kombinieren und bei der Navigation überprüfen, ob die in `preFrame` definierte Bewegung nicht zu einer Kollision mit einem Objekt in der Szene führt. Skizzieren Sie eine Lösung für eine solche Anwendung und implementieren Sie diese. Verwenden Sie als einfache Objekte Quader und Kugeln!

4.4. Visualisierung von Vektorfeldern mit VTK und VR Juggler Auf der Website zum Buch finden Sie den kompletten Quelltext für die Visualisierung von Vektorfeldern. Verwenden Sie die online verfügbaren Arbeitsbereiche für Microsoft Visual Studio oder die Makefiles und führen Sie die Anwendung durch!

4.5. Visualisierung von Vektorfeldern mit Hilfe von Punkten Die VTK bietet neben der Erzeugung von Polygonzügen auch eine Visualisierung eines Vektorfelds mit Hilfe von Punkten auf den Stromlinien an. Die Pipeline verläuft dann so:

```
StreamPoints::compute(void) {
  float maxVelocity, maxTime;
```

```
vtkLineSource *line =
  rake->getVTKGeometry(rakeResolution);
maxVelocity = field->GetPointData()->
          GetVectors()->GetMaxNorm();
maxTime = 35.0f*field->GetLength()/
                        maxVelocity;
streamers->SetInput(field);
streamers->SetSource(
                  line->GetOutput());
streamers->SetMaximumPropagationTime(
                          maxTime);
streamers->SetTimeIncrement(
                  maxTime*timeDelta);
...
}
```

Verwenden Sie den Quelltext aus Aufgabe 4.1 und implementieren Sie eine Klasse `StreamPoints`, angelehnt an die vorhandene Klasse `StreamLines`. Die Anwendung soll beide Visualisierungen anbieten; mit Hilfe von Tasten soll zwischen beiden Darstellungen gewechselt werden können.

4.6. Anwendung auf weitere Simulationen In der Installation von VTK finden Sie neben der Datei `kitchen.vtk` noch weitere Dateien, die Vektorfelder enthalten. Beispiele sind die Datei `office.vtk` oder die im Plot3D-Format vorliegenden Datensätze „Lox Post" (`postxyz.bin`, `postq.bin`) und „Blunt Fin" (`bluntfinxyz.bin`, `bluntfinq.bin`). Mehr zu den Datensätzen im Plot3D-Format finden Sie auch in den Fallstudien zur Visualisierung von Vektorfeldern in [8].

Verändern Sie die Anwendung aus den Aufgaben 4.4 und 4.5 und verwenden Sie einen dieser Datensätze!

4.7. Visualisierung von Highlight Lines mit VTK und VR Juggler Auf der Website zum Buch finden Sie den kompletten

Quelltext für die Visualisierung von Highlight Lines mit Hilfe des in VTK angebotenen Marching Cubes Algorithmus und VR Juggler. Verwenden Sie die online verfügbaren Arbeitsbereiche für Microsoft Visual Studio oder die Makefiles und führen Sie die Anwendung durch!

4.8. Visualisierung von Isophoten mit VTK und VR Juggler
Verwenden Sie das Projekt aus Aufgabe 4.7 und ersetzen Sie die Highlight Lines durch Isophoten!

Kapitel 5
Fazit

Ausgehend von einer Beschreibung der Grundlagen wurde VR Juggler vorgestellt und gezeigt, wie man mit Hilfe dieser Software Anwendungen realisiert. Diese Umsetzung von Anwendungen mit OpenGL und VR Juggler liefert das Handwerkszeug, um bei Bedarf eigene Anwendungen zu implementieren oder den Aufwand abzuschätzen, der für die Entwicklung notwendig ist.

Wie bereits bei der Definition der Begriffe dargestellt, waren mit der virtuellen Realität viele Hoffnungen und Voraussagen verknüpft, die in keiner Weise dem technisch Machbaren Stand hielten. Aus diesem Grund möchte ich es vermeiden, an dieser Stelle die Zukunft der virtuellen Realität vorher sagen zu wollen. Trotzdem ist bei einem Blick in die Glaskugel davon auszugehen, dass die Kosten für die Realisierung einer VR-Anwendung immer weiter sinken werden. Die Leistungsfähigkeit von Consumer-Hardware steigt scheinbar unbegrenzt, VR wird hier auch von den Entwicklungen im Spielebereich profitieren. In der Zukunft wird es entscheidend sein, dass die Frameworks sich zu einem stabilen und effizienten Betriebssystem für VR-Anwendungen entwickeln, damit wir uns auf die Anwendungen konzentrieren können. Und dass wir Metaphern für „out-

of-the-box"-Benutzungsoberflächen finden, die alle verwenden
können. Genauso wie alle ein Telefon bedienen können. Viel-
leicht werden die Träume von der erweiterten Realität wahr und
wir erkennen den Computer, mit dem wir interagieren, überhaupt
nicht mehr als Computer.

Neue Ideen, neue Hardware und neue Anwendungsgebiete
für die virtuelle Realität warten auf uns, wir müssen sie nur ent-
decken!

Anhang A
Simulator-Steuerungen in VR Juggler

In den Simulator-Fenstern von VR Juggler können wir die Ansicht und den Kopf mit Hilfe der numerischen Tastatur steuern. Das Handsteuergerät ist mit Hilfe der Maus und der Tastatur zu bedienen. Bei der Arbeit mit einem Notebook, das keine explizite numerische Tastatur besitzt, ist eine externe Tastatur empfehlenswert. Eine Alternative dazu ist, die Tastenbelegung für die Konfiguration mit `VRJConfig`, wie in Abschnitt 3.4 beschrieben, individuell zu konfigurieren.

In Abb. A.1 sind die Fenster der Simulators auf einem Microsoft Windows XP Desktop zu sehen. Ganz wichtig ist, dass der Fokus während der Eingabe im richtigen Fenster ist!

A.1 Steuerung des Kopfes

Der Kopf in der Simulation wird mit Hilfe der numerischen Tastatur gesteuert, falls der Input Fokus im Fenster `Head Input Window` ist. Die Tastenbelegung zeigt Abb. A.2.

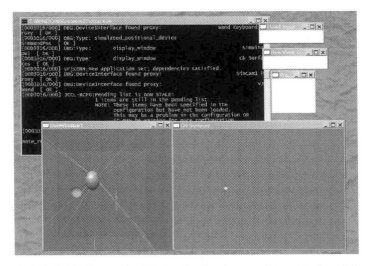

Abb. A.1 Die Fenster des VR Juggler Simulators auf dem Windows XP Desktop

Translation		
7 abwärts	8 vorwärts	9 aufwärts
4 links	5	6 rechts
1 nach links neigen	2 rückwärts	3 nach rechts neigen

Rotation: Strg +		
7	8 nach unten	9
4 nach links	5	6 nach rechts
1	2 nach oben	3

Abb. A.2 Steuerung des Kopfes im Head Input Window mit Hilfe der numerischen Tastatur

A.2 Steuerung der Kamera

Die Sicht im Simulationsfenster kann mit Hilfe der numerische Tastatur verändert werden, falls der Input Fokus im Fenster Sim View Cameras Control ist. Die Tastenbelegung zeigt Abb. A.3.

Translation

7 abwärts	8 vorwärts	9 aufwärts
4 Links	5	6 rechts
1 nach links neigen	2 rückwärts	3 nach rechts neigen

Rotation: Strg +

7	8 nach unten	9
4 nach links	5	6 nach rechts
1	2 nach oben	3

Abb. A.3 Steuerung der Kamera im Fenster Sim View Cameras Control mit Hilfe der numerischen Tastatur

A.3 Steuerung des Handsteuergerätes

Die Simulation des Handsteuergerätes in der Simulation wird mit Hilfe der Maus und der Tastatur gesteuert, falls der Input Fokus im Fenster Wand Input Window ist. Die Steuerung für die Maus zeigen Abb. A.4 und Abb. A.5, die Belegung für die Maustasten und die Tastatur Tabelle A.1.

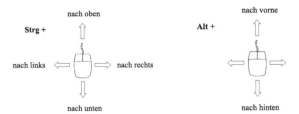

Abb. A.4 Steuerung der Translation des Handsteuergerätes im Wand Input Window mit Hilfe der Maus

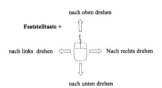

Abb. A.5 Steuerung der Rotation des Handsteuergerätes im Wand Input Window mit Hilfe der Maus

Tabelle A.1 Steuerung des Handsteuergerätes im Wand Input Window mit der Tastatur und den Maustasten

Transformation	Taste
Nach links neigen	Pfeiltaste nach rechts
Nach rechts neigen	Pfeiltaste nach links
Taste 1	linke Maustaste
Taste 2	mittlere Maustaste
Taste 3	rechte Maustaste
Taste 4	4
Taste 5	5
Taste 6	6

Anhang B
Quelltext für HelloApplication

Das Hauptprogramm instanziiert die Anwendungsklasse, übergibt diese an den Kern und startet diesen:

```cpp
// Deklaration der Anwendungsklasse
#include <HelloApplication.h>

// VRJuggler-Kern
#include <vrj/Kernel/Kernel.h>
using namespace vrj;

// Das Hauptprogramm
int main(int argc, char* argv[])
{
 // Instanz des VRJuggler-Kerns abfragen
 Kernel* kernel = Kernel::instance();
 // Instanz der Anwendungsklasse
 HelloApplication* application
              = new HelloApplication();
 // Konfiguration laden
 kernel->loadConfigFile("sim.base.jconf");
```

```
// Den Kern von VRJuggler starten
kernel->start();
// An den Kern übergeben
kernel->setApplication(application);
// Anwenden ...
kernel->waitForKernelStop();
delete application;
return 0;
}
```

Die Anwendungsklasse ist von der Basisklasse `GlApp` abgeleitet. Sie überschreibt die virtuellen Funktionen der Basisklasse für die Initialisierung und die grafische Ausgabe. Als private
Attribute sind Variablen für die Darstellung der gelben Kugel
deklariert, neben Radius `radius` und Farbe `color` auch ein
Zeiger auf eine GLU-Quadrik.

```
// OpenGL-Anwendungsklasse
#include <vrj/Draw/OGL/GlApp.h>
using namespace vrj;
using namespace std;
#include <GL/glu.h>

class HelloApplication : public GlApp
{
public:
    HelloApplication(void);
    virtual void bufferPreDraw();
    virtual void contextInit(void);
    virtual void draw();
private:
    GLfloat radius;
    GLUquadricObj *sphere;
    GLfloat color[3];
};
```

Der Konstruktor setzt die gelbe Farbe und den gewünschten Radius der Kugel:

```
HelloApplication::HelloApplication(void)
{
  color[0] = 1.0f;
  color[1] = 1.0f;
  color[2] = 0.0f;
  radius   = 1.0f;
}
```

In bufferPreDraw wird die Hintergrundfarbe gesetzt; für diese einfache Anwendung ist sonst nicht viel zu tun:

```
void HelloApplication::bufferPreDraw()
{
  glClearColor(0.5f, 0.5f, 0.5f, 0.5f);
  glClear(GL_COLOR_BUFFER_BIT);
}
```

In contextInit wird der OpenGL-Kontext definiert. Die Beleuchtung und Schattierung wird gesetzt, der z-Buffer aktiviert und Gouraud-Shading eingestellt. Als Abschluss wird die Quadrik erzeugt; dafür benötigen wir bereits einen gültigen OpenGL-Kontext, deshalb kann dies nicht im Konstruktor der Klasse durchgeführt werden:

```
void HelloApplication::contextInit(void)
{
  GLfloat light_ambient[4] =
          {0.1f, 0.1f, 0.1f, 1.0f};
  GLfloat light_diffuse[4] =
          {0.8f, 0.8f, 0.8f, 1.0f};
  GLfloat light_specular[4] =
          {1.0f, 1.0f, 1.0f, 1.0f};
  GLfloat light_position[4] =
          {0.0f, 0.75f, 0.75f, 1.0f};
```

```
GLfloat mat_ambient[4] =
        {0.7f, 0.7f, 0.7f, 1.0f };
GLfloat mat_diffuse[4] =
        {1.0f, 0.5f, 0.8f, 1.0f };
GLfloat mat_specular[4] =
        {1.0f, 1.0f, 1.0f, 1.0f};
GLfloat mat_shininess = 50.0f;
glLightfv(GL_LIGHT0, GL_AMBIENT,
          light_ambient);
glLightfv(GL_LIGHT0, GL_DIFFUSE,
          light_diffuse);
glLightfv(GL_LIGHT0, GL_SPECULAR,
          light_specular);
glLightfv(GL_LIGHT0, GL_POSITION,
          light_position);
glMaterialfv( GL_FRONT, GL_AMBIENT,
          mat_ambient);
glMaterialfv( GL_FRONT, GL_DIFFUSE,
          mat_diffuse);
glMaterialfv( GL_FRONT, GL_SPECULAR,
          mat_specular);
glMaterialf( GL_FRONT, GL_SHININESS,
          mat_shininess);
glEnable(GL_DEPTH_TEST);
glEnable(GL_NORMALIZE);
glEnable(GL_LIGHTING);
glEnable(GL_LIGHT0);
glEnable(GL_COLOR_MATERIAL);
glShadeModel(GL_SMOOTH);
// Quadrik-Objekt erzeugen
sphere = gluNewQuadric();
gluQuadricNormals(sphere, GLU_SMOOTH);
gluQuadricDrawStyle(sphere, GLU_FILL);
}
```

Die `draw`-Funktion ist einfach. Die Farbe wird gesetzt, die Kugel wird aus dem Ursprung des Weltkoordinatensystems translatiert, um sie im Simulator besser sichtbar zu machen, und abschließend wird sie mit `gluSphere` ausgegeben:

```
void HelloApplication::draw()
{
  glClear(GL_DEPTH_BUFFER_BIT);
  glMatrixMode(GL_MODELVIEW);
  glPushMatrix();
    glColor3fv(color);
    glTranslatef(-5.0f, 5.0f, -10.0f),
    gluSphere(sphere, radius, 20, 20);
  glPopMatrix();
}
```

Anhang C
VR Juggler-Anwendungen in Microsoft Visual Studio

Dieser Anhang gibt Hinweise für das Anlegen von eigenen Arbeitsbereichen für Microsoft Visual Studio. Sollte ein eigenes Projekt in Microsoft Visual Studio angelegt werden, dann muss man die Projekteinstellungen entsprechend verändern.

C.1 VRJuggler-Anwendungen neu erstellen

Zu einem Projekt gehört unter Anderem ein Ordner, der bestimmte Dateien und Unterverzeichnisse des Projektes enthält. Um ein neues Projekt anzulegen, geht man wie folgt vor:

1. Starten Sie Visual Studio und klicken Sie auf `Datei` → `Neu` → `Projekt...`
2. Wählen Sie `Win32-Konsolenanwendung` aus und geben Sie wie in Abb. C.1 einen Namen und einen Pfad an. Existieren bereits Dateien im angegebenen Ordner, dann achten Sie darauf, dass die Option `Projektmappenverzeichnis erstellen` nicht ausgewählt ist. Die vorhandenen Dateien

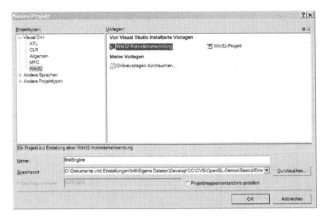

Abb. C.1 Ein neues Projekt anlegen mit Microsoft Visual Studio

werden dann beim Anlegen des Projektes von Microsoft Visual Studio zum Projekt hinzugefügt.

3. Jetzt kommen Sie zum `Win32-Anwendungs-Assistent`. Hier gehen Sie auf `Weiter`; Sie erhalten dann das Fenster wie in Abb. C.2.

4. Achten Sie darauf, dass `Vorkompilierte Header` nicht ausgewählt ist und aktivieren Sie `Leeres Projekt`. Anschließend beenden Sie den Assistenten mit Fertigstellen.

Um eine Quelldatei in ein neues Projekt zu übernehmen, gehen Sie wie folgt vor:

1. Wenn noch nicht geschehen, dann kopieren Sie jetzt die vorhandenen Dateien in den Projekt-Ordner.

2. In Visual Studio sehen Sie am linken Rand den Projektmappen-Explorer.

3. Dort wird die Struktur Ihres Projektes dargestellt. Wenn Sie Ihr Projekt öffnen, sehen Sie die Ordner `Quelldateien`, `Headerdateien` und `Ressourcendateien`.

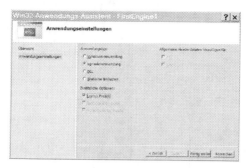

Abb. C.2 Der Anwendungs-Assistent in Visual Studio

4. Klicken Sie mit der rechten Maustaste auf den Projekt-Namen und wählen Sie Hinzufügen → Vorhandenes Element hinzufügen.
5. Führen Sie einen Rechtsklick auf den Projekt-Namen dort aus und wählen Sie Hinzufügen → Vorhandenes Element . . . . Wählen Sie im Explorer, der sich jetzt öffnet, alle *.h und *.cpp-Dateien aus, die Sie benötigen. Danach finden Sie diese Dateien in Headerdateien und Quelldateien.
6. Die Dateien sind nun Teil des Projektes und können dort editiert und übersetzt werden.

C.2 Projekteinstellungen vornehmen

Um die Anwendung binden zu können, müssen Sie noch die folgenden Einstellungen vornehmen:

1. Wählen Sie Projekt → Einstellungen . . . oder führen Sie einen Rechtsklick auf den Projekt-Namen im Projekt-mappen-Explorer aus und wählen dort Einstellungen.

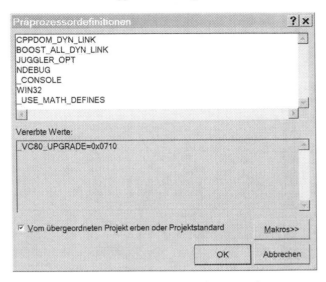

Abb. C.3 Einstellungen für den Präprozessor

2. Wählen Sie bei `Konfiguration` die Auswahlmöglichkeit `Alle Konfigurationen` aus.
3. Wechseln Sie zum Tab `C++` → `Allgemein` und wählen Sie als `Warnstufe Level 1`. Stellen Sie `Nach 64-Bit Portabilitätsproblemen suchen` auf `Nein`.
4. Sie benötigen zusätzliche Verzeichnis-Einträge für den Präprozessor. Geben Sie

```
$(VJ_DEPS_DIR)\include
$(VJ_BASE_DIR)\include
```

   im Fenster in `Zusätzliche Includeverzeichnisse` ein, wie in Abb. C.4 dargestellt.
5. Wechseln Sie zu `Präprozessor` und geben Sie

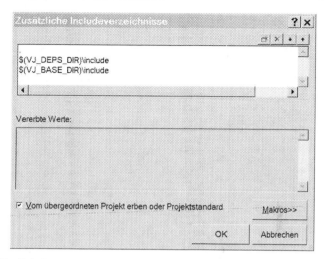

Abb. C.4 Weitere Verzeichnisse für den Präprozessor

```
CPPDOM_DYN_LINK
BOOST_ALL_DYN_LINK
JUGGLER_OPT
_USE_MATH_DEFINES
```

ein. Für die Debug-Konfiguration ersetzen Sie JUGGLER_OPT durch JUGGLER_DEBUG.

6. Wechseln Sie in Erweitert und tragen Sie in Bestimmte Warnungen deaktivieren

```
4244; 4251, 4275; 4290
```

ein.

7. Wechseln Sie zum Reiter Linker und achten Sie darauf, dass die Option inkrementelles Verknüpfen nicht verwendet wird. Tragen Sie

```
$(VJ_DEPS_DIR)\lib
$(VJ_BASE_DIR)\lib
```

in Zusätzliche Bibliotheksverzeichnisse ein.
8. Öffnen Sie den Bereich Eingabe und ergänzen Sie den Eintrag für Zusätzliche Abhängigkeiten, um die Bibliotheken

```
libnspr4.lib libplc4.lib comctl32.lib
ws2_32.lib glu32.lib opengl32.lib
```

wie in Abb. C.5 dargestellt.
9. Schließen Sie das Fenster für die Projekteigenschaften.

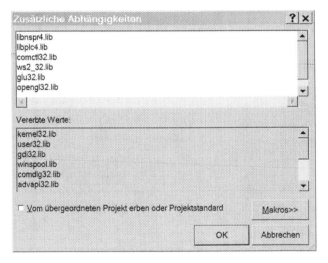

Abb. C.5 Die Bibliotheken ergänzen

C.3 Anwendungen mit VTK und VR Juggler

Für die Anwendungen mit VTK verwenden Sie die Windows-Installation, die Sie auf `www.vtk.org` finden. Den Adapter `vlgGetVTKPolyData` und die gesamte Installation der Bibliothek `vlgGraphicsEngine` zeigt die Website zum Buch. Sind diese Bibliotheken installiert, dann müssen Sie die Eingabe für den Linker erweitern:

```
vtkRendering.lib vtkGraphics.lib
vtkImaging.lib vtkIO.lib
vtkFiltering.lib vtkCommon.lib
vlg.lib glu32.lib opengl32.lib
```

Anhang D
Lösungen

Auf der Website zum Buch gibt es für alle Programmieraufgaben die kompletten Quelltexte, Arbeitsbereiche für Microsoft Visual Studio und Makefiles für Linux.

D.1 Aufgaben in Kapitel 2

2.1 Parallaxen
Darstellungen für divergente und negative Parallaxen zeigen die Abb. D.1 und D.2!

2.2 Wahrnehmung der Parallaxen
Im Versuch zur divergenten Parallaxe sollten Sie den Hintergrund doppelt sehen!

2.3 Vertikale und horizontale Parallaxen
Die Herleitung funktioniert vollkommen analog zur der auf Seite 20. Jetzt ist auch eine vertikale Parallaxe vorhanden, die wir mit vP bezeichnen. Dann erhalten wir die beiden Gleichungen für σ_u und σ_v durch

Abb. D.1 Divergente Parallaxe   **Abb. D.2** Negative Parallaxe

$$-\frac{\text{IPD}}{2} - \sigma_u D_s = 0$$
$$\text{vP} - \sigma_v D_s = 0.$$

Aufgelöst erhalten wir für das linke Auge die Matrix

$$S_l = \begin{pmatrix} 1 & 0 & -\frac{\text{IPD}}{2D_s} \\ 0 & 1 & \frac{\text{vP}}{D_s} \\ 0 & 0 & 1 \end{pmatrix}$$

2.4 Prinzipdarstellung einer Holobench Abbildung D.3 enthält eine Darstellung. Je nachdem, ob eine passive oder eine aktive Projektion verwendet wird, benötigt man zwei oder vier Projektoren. Die Projektion für den Tisch wird aus Platzgründen, ähnlich wie im CAVE, durch einen Spiegel umgelenkt.

2.5 Do-it-Yourself Stereografik Wenn Sie Erfahrung mit der Programmierung mit OpenGL haben, dann wissen Sie, dass häufig die Kamera mit Hilfe von dualen Modelltransformationen positioniert wird. Dual zu einer Translation der Kamera in positive z-Richtung ist eine Translation aller Objekte der Szene in negative z-Richtung. Genauso können wir die Scherung aus Gleichung (2.3) in das Programm integrieren. Wir vereinbaren Variablen für die benötigten Größen wie interpupillare Distanz

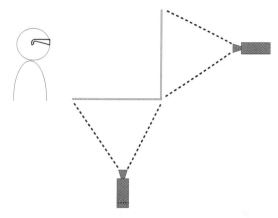

Abb. D.3 Prinzipdarstellung einer Holobench

und Fixationsentfernung und besetzen damit die Scherung. Da die Scherung in OpenGL mit der Funktion `glMultMatrix` in die Transformationen multipliziert wird, vereinbaren wir eine Variable `GLFloat scherung[16]`, die wir wie in Gleichung 2.3 besetzen:

```
for (i=0; i<16; i++)
    scherung[i] = (i%5 ==0) ? 1.0f : 0.0f;

scherung[8] = -ipd/(2.0f*ds)
```

Wenn Sie möchten, können Sie auch das Ergebnis aus Aufgabe 2.3 in das Programm mit einbauen.

Wenn Sie eine Anaglyphenbrille besitzen, können Sie die Scherung jetzt auch interaktiv einsetzen. Dazu besetzen Sie zwei Scherungen, eine für das linke, eine für das rechte Auge. Die Farben für die Ausgabe passend zu den Farbfiltern wird dann so realisiert:

```
// Linkes Auge
// Zurücksetzen des Color Buffers
glColorMask(GL_TRUE, GL_TRUE, GL_TRUE,
            GL_TRUE);
glClear(GL_COLOR_BUFFER_BIT |
                GL_DEPTH_BUFFER_BIT);
// Color Mask für den Rot-Kanal setzen
glColorMask(GL_TRUE, GL_FALSE, GL_FALSE,
                                GL_TRUE);
glPushMatrix();
  drawLeft();
glPopMatrix();
glFlush();

// Rechtes Auge
// Color Mask für den Blau-Kanal setzen
glColorMask(GL_FALSE, GL_FALSE, GL_TRUE,
                                GL_TRUE);
glClear(GL_DEPTH_BUFFER_BIT);
glPushMatrix();
  drawRight();
glPopMatrix();
```

Es empfiehlt sich, die IPD interaktiv veränderbar zu machen, um diese Größe individuell anzupassen. Auch die Stereo-Ausgabe sollte mit der herkömmlichen Mono-Ausgabe austauschbar sein. Auf der Website zum Buch gibt es den Quelltext einer Lösung mit Hilfe der GLUT.

D.2 Aufgaben in Kapitel 3

3.1 Erstellen und Ausführen der ersten Anwendung Hinweise für die Installation findet man auf der Website zum Buch oder auf *www.vrjuggler.org*. Je nach Installation tauchen einige Fehlermeldungen auf. Häufig kommt die Meldung, dass VR Juggler einige Bibliotheken nicht findet. Bestätigen Sie diese Meldungen mit OK; meist startet die Anwendung trotzdem korrekt.

3.2 Navigieren in der Simulation Achten Sie darauf, dass der Fokus auf dem richtigen Fenster liegt. Für diese Aufgabe benötigen Sie den Fokus auf Sim View Cameras Control.Wenn man erst mit der 8 nach vorne geht und dann mit Hilfe der Rotationen eine Drehung durchführt, erkennt man anschließend gut, dass das Modell des Kopfes auch die beiden Augen enthält. Die dargestellten Linien visualisieren das verwendete Sichtvolumen. Während der Navigation sollten Sie auch ein kleines Koordinatensystem erkennen. Damit wird das Koordinatensystem im C6 dargestellt.

3.3 Digitale Eingaben Auf der Website zum Buch gibt es den kompletten Quelltext, Arbeitsbereiche für Microsoft Visual Studio und Makefiles. In der Deklaration der Anwendungsklasse vereinbaren wir drei Tasten mit

```
gadget::DigitalInterface wandButton0,
            wandButton1, wandButton2;
```

In der init-Funktion werden alle drei Geräte initialisiert; in preFrame sind diese garantiert aktuell:

```
void FirstInteraction::preFrame(void)
{
    ...
    switch (wandButton2->getData()) {
        case gadget::Digital::OFF:
```

```
            changeRadius = true;
            break;
        case gadget::Digital::ON:
            changeRadius = false;
            break;
    }
```

In der draw-Funktion können wir jetzt entsprechend reagieren:

```
void FirstInteraction::draw()
{
 glClear(GL_DEPTH_BUFFER_BIT);
 glMatrixMode(GL_MODELVIEW);
 glPushMatrix();
    if (changeColor)
        glColor3fv(colorGreen);
    else
        glColor3fv(colorYellow);
    if (changePosition)
        glTranslatef(position0[0],
        position0[1], position0[2]);
    else
        glTranslatef(position1[0],
        position1[1], position1[2]);
    if (!changeRadius)
     gluSphere(sphere, radius, 20, 20);
    else
     gluSphere(sphere,
                2.0f*radius, 20, 20);
 glPopMatrix();
}
```

3.4 Analoge Eingaben Ein analoges Gerät integrieren Sie in Ihre Anwendung mit

```
gadget::AnalogInterface analogDevice;
```

Vergessen Sie nicht im Hauptprogramm eine entsprechende Konfigurationsdatei zu laden. Mit `sim.analog.mixin.config` erhält man ein eigenes Eingabefenster für das Eingabegerät. Soll für die analogen Eingaben das Fenster für das Handsteuergerät verwendet werden, dann verwendet man die Konfiguration `sim.analog.wandmixin.config`.

Der Radius der verwendeten Quadrik wird auf der Variablen `radius` abgelegt und in `preFrame` durch die analoge Eingabe verändert. Die von der Eingabe zurückgegebenen Werte liegen im Intervall $[0,1]$ und sind vom Typ `float`:

```
void Analog::preFrame(void)
{ ...
if (analogDevice->getData()) {
  radius+=(0.5f-analogDevice->getData());
}}
```

3.5 Positionsdaten In der Anwendungsklasse benötigen Sie eine Instanz einer 4×4-Matrix aus der GMTL. Mit Hilfe einer logischen Variablen kann die Bewegung aktiviert werden:

```
Matrix44f position;
bool move;
gadget::PositionInterface wand;
```

In der `init`-Funktion wird das Handsteuergerät mit

```
wand.init("VJWand");
```

initialisiert. Die Rückgabe von `wand->getData()` ist jetzt eine Instanz von `Matrix44f`, die auf der deklarierten Variablen abgelegt wird. Wie Sie diese Matrix in `draw` verwenden, zeigt der Quelltext auf Seite 64.

3.6 OpenGL Display-Listen in VR Juggler Die wesentlichen Bestandteile der Lösung finden Sie im Text ab Seite 65. Achten Sie unbedingt darauf, dass Sie die Indizes für die Display-Listen als Pointer dereferenzieren. Nach dem Belegen mit Werten verwendet VR Juggler für Instanzen von `GlContextData<T>` *smart pointer!*

3.7 Konfiguration von VR Juggler Ein mögliches Ergebnis zeigt die Datei `sim.clviewports.mixin.jconf` auf der Website zum Buch.

3.8 Konfiguration einer passiven Stereo-Projektion Wir gehen davon aus, dass wir einen Rechner mit zwei Ausgängen der Grafikkarte verwenden; also beispielsweise einen Linux-Rechner im Dual-Head-Betrieb. Das verwendete Display hat eine angenommene Auflösung von 1 024 × 768. Die Auflösung hängt vor allem von den eingesetzten Projektoren ab. Sie müssen zwei Displays in `VRJConfig` erzeugen, die sich nur durch die Angabe des verwendeten Auges unterscheiden. Dies stellen Sie in `surface_viewports` ein, unter `View` können Sie durch das Pull-Down zwischen `Left Eye` und `Right Eye` unterscheiden.

Bei der Positionierung der Projektoren müssen Sie die Filter vor die Linse anbringen und die Projektoren so einstellen, dass die Bilder exakt auf die gleiche Fläche projiziert werden. Ein mögliches Ergebnis enthält die Datei `passivCl.jconf` auf der Website zum Buch.

3.9 Konfiguration einer Powerwall Sie müssen sechs Displays erzeugen. Wichtig ist dabei die Viewports korrekt zu positionieren. Schwierig bei dieser Konfiguration wird die exakte Ausrichtung der Projektoren.

Ein mögliches Ergebnis finden Sie auf der Website zum Buch mit der Datei `powerwall.jconf`.

3.10 Konfiguration einer Holobench Der Ursprung liegt $0,3$ m vor dem Tisch. Die Koordinaten für die Tischplatte zeigt Tabelle D.1, die für die Rückwand Tabelle D.2. Auf der Website zum

Buch finden Sie die Datei `sim.holobench.mixin.jconf`
mit der Konfiguration für VR Juggler.

Tabelle D.1 Die Koordinaten der Eckpunkte der Holobench-Tischplatte

Tischplatte	x	y	z
Linke untere Ecke	$-0,65$	$0,8$	$0,3$
Linke obere Ecke	$-0,65$	$0,8$	$1,2$
Rechte untere Ecke	$+0,65$	$0,8$	$0,3$
Rechte obere Ecke	$+0,65$	$0,8$	$1,2$

Tabelle D.2 Die Koordinaten der Eckpunkte der Holobench-Rückwand

Rückwand	x	y	z
Linke untere Ecke	$-0,65$	$0,8$	$1,2$
Linke obere Ecke	$-0,65$	$1,7$	$1,2$
Rechte untere Ecke	$+0,65$	$0,8$	$1,2$
Rechte obere Ecke	$+0,65$	$1,7$	$1,2$

3.11 Fish tank VR mit VR Juggler Gehen wir davon aus,
dass als fish tank der linke Monitor verwendet werden soll, dann
bleibt nur die Festlegung, welche Auflösung Sie für die Ausgabe
verwenden möchten. Daraus erzeugen Sie dann die Angaben für
den Viewport. Stellen Sie in `surface_viewports` im Pull-
Down für `View Stereo` ein. In den Eigenschaften der Grafikkarte muss dann noch die Stereo-Funktionalität aktiviert werden.

D.3 Aufgaben in Kapitel 4

4.1 Navigation In der Funktion `contextInit` werden Display-Listen erzeugt, um mit Hilfe von GLU-Zylindern die Säulen darzustellen:

```
(*myList) = glGenLists(1);
glNewList(*myList, GL_COMPILE);
glPushMatrix();
  glColor3fv(colorYellow);
  glPushMatrix();
    glTranslatef(-2.0f, 0.0f, 0.0f);
    glRotatef(-90.0f, 1.0f, 0.0f, 0.0f);
    gluCylinder(cylinder, radius, radius,
                            height, 20, 20);
  glPopMatrix();
  glPushMatrix();
    glTranslatef(4.0f, 0.0f, 0.0f);
    glRotatef(-90.0f, 1.0f, 0.0f, 0.0f);
    gluCylinder(cylinder, radius, radius,
                            height, 20, 20);
  glPopMatrix();
  glPushMatrix();
    glTranslatef(10.0f, 0.0f, 0.0f);
    glRotatef(-90.0f, 1.0f, 0.0f, 0.0f);
    gluCylinder(cylinder, radius, radius,
                            height, 20, 20);
  glPopMatrix();
 glPopMatrix();
glEndList();

(*set) = glGenLists(1);
glNewList(*set, GL_COMPILE);
 for (i=0; i<30; i++) {
```

```
glPushMatrix();
  glTranslatef(0.0f, 0.0f,
    static_cast<GLfloat>(i)*(-3.0f));
  glCallList(*myList);
glPopMatrix();
}
glColor3f(0.0f, 1.0f, 1.0f);
glBegin(GL_QUADS);
  glNormal3f(0.0f, 1.0, 0.0f);
  glVertex3f(-6.0f, 0.0f, 0.0f);
  glVertex3f(13.0f, 0.0f, 0.0f);
  glVertex3f(13.0f, 0.0f, -90.0f);
  glVertex3f(-6.0f, 0.0f, -90.0f);
glEnd();
glEndList();
```

In preFrame wird das Handsteuergerät abgefragt und die Bewegung auf Attributen der Klasse abgespeichert. Auf diese Attribute wird in der draw-Funktion später zugegriffen und die Darstellung entsprechend verändert:

```
void Fly::preFrame(void) {
  Matrix44f wandMatrix;
  Vec3f trans = Vec3f(0.0f,0.0f,-1.0f);
  wandMatrix = wand->getData();
  trans = wandMatrix*trans;
  if (backButton->getData()==ON) {
      position += delta*trans;
  }
  if (forwardButton->getData()==ON) {
      position -= delta*trans;
  }
  if (accelerateButton->getData()
                        ==TOGGLE_ON) {
      delta += deltaInc;
```

```
        if (delta >= 1.0f) delta = 0.5f;
    }
    if (slowdownButton->getData()
                              ==TOGGLE_ON) {
        delta -= deltaInc;
        if (delta <= 0.001f) delta = 0.5f;
    }
}
```

In der grafischen Ausgabe wird eine Transformationsmatrix gebildet und mit glMultMatrix in die OpenGL Pipeline multipliziert:

```
void Fly::draw()
{
 Matrix44f interactivePosition;
 glClear(GL_DEPTH_BUFFER_BIT);
 glMatrixMode(GL_MODELVIEW);
 glPushMatrix();
   glColor3fv(colorYellow);
   interactivePosition =
       makeTrans<Matrix44f>(position);
   glMultMatrixf(
       interactivePosition.getData());
   glCallList(*set);
 glPopMatrix();
}
```

4.2 Greifen von Objekten Wichtig ist, dass die Kollisionsprüfung zwischen der Position des Handsteuergerätes und den Kugeln mit Hilfe von GMTL durchgeführt wird. Dazu werden zwei Kugeln in GMTL erzeugt; diese werden auch in der grafischen Ausgabe verwendet:

```
void ObjectGrab::draw()
```

```
{
 Matrix44f interactivePosition;
 glClear(GL_DEPTH_BUFFER_BIT);
 glMatrixMode(GL_MODELVIEW);
 glPushMatrix();
    drawSphere(sphereObject1,
               sphere1Picked);
    drawSphere(sphereObject2,
               sphere2Picked);
 glPopMatrix();
}

void ObjectGrab::drawSphere(
      const Spheref& sphereObject,
      const bool& picked)
{
   Point3f sphere_center =
           sphereObject.getCenter();

   glPushMatrix();
      if ( picked )
      {
         glColor3fv(colorPicked);
      }
      else
      {
         glColor3fv(colorYellow);
      }
      glTranslatef(sphere_center[0],
                   sphere_center[1],
                   sphere_center[2]);
      gluSphere(sphere,
            sphereObject.getRadius(),
                           20, 20);
```

```
glPopMatrix();
```

In preFrame wird ständig überprüft, ob eine Kollision statt-
findet, und die logischen Attribute werden gesetzt:

```
void ObjectGrab::preFrame(void)
{
  Point3f pos =
      makeTrans<Point3f>(wand->getData());
  sphere1Picked =
          isInVolume(sphereObject1, pos);
  sphere2Picked =
          isInVolume(sphereObject2, pos);
}
```

4.3 Navigation mit Überprüfung auf Kollision Die Lösung
stellt eine Kombination von Lösungen der Aufgaben 4.1 und
4.2 dar. Möglich sind alle Körper, für die es in der GMTL eine Kollisionsprüfung gibt. Die Implementierung eigener Objekt
und Tests auf Kollisionen sind natürlich möglich.

**4.4 Visualisierung von Vektorfeldern mit VTK und VR
Juggler** Die wesentlichen Teile der Quelltexte sind in Abschnitt
4.3 beschrieben!

**4.5 Visualisierung von Vektorfeldern mit Hilfe von Punk-
ten** Die beiden Klassen StreamLines und StreamPoints
haben die virtuelle Basisklasse StreamVis. In der Basisklasse sind Zeiger auf die verwendete Simulation und die Quelle enthalten. Auf diese Weise werden weitere Visualisierungen
wie vtkTubeFilter für die Tuben ermöglicht. Mit Hilfe von
Marching Cubes können auch die Streamballs aus [16] implementiert werden.

4.6 Anwendung auf weitere Simulationen Das Auswechseln
der Datensätze ist einfach; dazu müssen Sie nur den Dateinamen
für das Objekt reader in der Pipeline austauschen. Schwieriger

ist es, eine gute Lage für die Quelle der Stromlinien zu finden. Hinweise dafür finden Sie in [8] und [48]. In Abb. D.4 ist eine Visualisierung des Datensatzes „Lox Post" zu sehen, der die Verbrennung in einem Raketentriebwerk beschreibt.

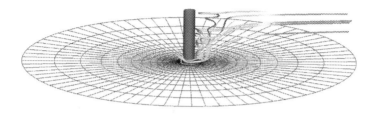

Abb. D.4 Visualisierung für den Datensatz „Lox Post"

4.7 Visualisierung von Highlight Lines mit VTK und VR Juggler Im Konstruktor der Klasse `Sive` (*S*urface *i*nterrogation in a *v*irtual *e*nviroment) werden die Lichtlinien erzeugt:

```
...
cagePoints = new double*[numLines];
for (i=0; i<numLines; i++) {
    cagePoints[i] = new double[3];
    cagePoints[i][0]     = -2.0;
    cagePoints[i][1]     = 3.0;
    cagePoints[i][2]     = minZ +
        static_cast<double>(i)*delta;
}
point[0] = cagePoints[0][0];
point[1] = cagePoints[0][1];
point[2] = cagePoints[0][2];
direction[0] = 1.0;
```

```
direction[1] = 0.0;
direction[2] = 0.0;
angle = 0.0;
```

In `preFrame` wird das Handsteuergerät abgefragt, die Lichtlinien bei Bedarf transformiert und in der Funktion `doCage` die Highlight Lines neu berechnet:

```
void Sive::preFrame(void)
{
 float delta = 0.25f;
 Matrix44f wandMatrix = wand->getData();
 Vec3f minustrans,
       trans = Vec3f(0.0f, 0.0f, -delta);
 trans = wandMatrix*trans;
 minustrans = -trans;
 if (plusButton->getData()==TOGGLE_ON) {
     translateLines(trans);
     highlights =
         new vlgGetVTKPolyData[numLines];
     doCage();
 }
 if (minusButton->getData()==TOGGLE_ON) {
     translateLines(minustrans);
     highlights =
         new vlgGetVTKPolyData[numLines];
     doCage();
 }
}
```

Wichtig in `doCage` ist `iso->Modified()`. Fehlt diese Funktion, dann wird die VTK-Pipeline nicht neu durchgeführt:

```
void Sive::doCage(void)
{
 int i, j;
```

```
for (i=0; i<numLines; i++) {
    for (j=0; j<3; j++)
        point[j] = cagePoints[i][j];
    computeHighlightlines();
    iso->Modified();
    highlights[i].setData(
                iso->GetOutput());
    highlights[i].doAttributes();
    highlights[i].doPointData();
    highlights[i].processData();
}
}
```

4.8 Visualisierung von Isophoten mit VTK und VR Juggler

Für die Isophoten benötigen wir nur eine Lichtrichtung statt der Lichtlinien in Aufgabe 4.7. Trotzdem kann man eine Menge von Konturlinien berechnen, mit denen dann Konturlinien für verschiedene Werte des Lambert-Terms visualisiert werden können. Der Kern ist die Berechnung der Skalare:

```
double Sive::isophoteValue(
                double surfaceNormal[3])
{
    return direction[0]*surfaceNormal[0]
        + direction[1]*surfaceNormal[1]
        + direction[2]*surfaceNormal[2];
}
void Sive::computeIsophoteValues(void)
{
    int i, noP;
    if (isophoteNumbers != 0)
        isophoteNumbers->Delete();
    isophoteNumbers =
                vtkDoubleArray::New();
    isophoteNumbers->SetNumberOfValues(
```

```
      reader->GetOutput()
         ->GetNumberOfPoints());
   noP = reader->GetOutput()->
         GetNumberOfPoints();
   double *surfaceNormal
                 = new double[3];
 for (i=0; i < noP; i++) {
    surfaceNormal =
               reader->GetOutput()->
     GetPointData()->GetNormals()->
                          GetTuple(i);
     isophoteNumbers->SetValue(i,
       isophoteValue(surfaceNormal));
   }
   isophoteNumbers->Modified();
   reader->GetOutput()->GetPointData()->
           SetScalars(isophoteNumbers);
 }
```

Glossar

5.1 Bezeichnung für ein Surround Format zur Ausgabe von Raumton. Die Bezeichnung kommt von der Verwendung eines Subwoofers oder 0.1-Lautsprechers und fünf räumlich angeordneten Lautsprechern für die Ausgabe der höheren Frequenzen.

Aktive Stereoprojektion Herstellung einer Stereo-Darstellung mit Hilfe zweier Bilder, die abwechselnd projiziert werden. Die wechselnden Bilder werden mit einer Shutter-Brille gesehen, deren linkes und rechtes „Glas" synchron zu den dargestellten Bildern geschlossen bzw. geöffnet wird.

Anaglyphen Methode zur Herstellung einer passiven stereoskopischen Darstellung mit Hilfe von Brillen und Farbfiltern.

Blending Berechnung einer Übergangs zwischen zwei gegebenen Flächen, meist mit einer vorgeschriebenen Differenzierbarkeit.

Buzzword Schlagwort, wird eingesetzt, um einen kurzen prägnanten Begriff für einen komplexen Sachverhalt verwenden und beim Zuhörer oder Leser Aufmerksamkeit erregen zu können.

C++ Objektorientierte Programmiersprache.

C1 Begriff aus der Mathematik, der eine Funktion beschreibt, die einmal differenzierbar ist und deren Ableitung noch stetig ist.

C2 Begriff aus der Mathematik, der eine Funktion beschreibt, die zweimal differenzierbar ist und deren zweite Ableitung noch stetig ist. Für die Fertigung werden häufig C2-stetige Flächen angestrebt.

CAD-System Software für die rechnergestützte Konstruktion, die Abkürzung steht für Computer-Aided-Design-System.

CAVE Beschreibt ein VR-System, das in der Regel vier bis sechs Leinwände, Projektoren und Positionsverfolgung verwendet. Die Abkürzung steht für „CAVE automatic virtual environment".

Depth Cue Sinnesreiz für die Erzeugung einer räumlichen Tiefenwahrnehmung beim Anwender.

Digital Theatre System DTS Ein 5.1-System zur Ausgabe von Raumton.

Display-Liste Hier: Datenstruktur in OpenGL, mit dem eine Menge von Funktionsaufrufen abgespeichert und mehrfach abgerufen werden kann.

Dolby Digital Surround Ein 5.1-System zur Ausgabe von Raumton.

Environment Mapping Methode in der Computergrafik, mit der Spiegelungen der Umgebung mit Hilfe von Texture Mapping auf einem Objekt dargestellt werden.

Eulerwinkel Beschreibung der Orientierung eines Objekts mit Hilfe von drei Rotationen um die Koordinatenachsen in einer festgelegten Reihenfolge.

Examine Metapher für die Definition der Sicht auf eine virtuelle Szene, bei der Objekte von einer fixen Position aus betrachtet werden. Die Objekte liegen scheinbar auf einer Plattform, die um alle drei Achsen rotiert werden können.

Facette Kleines planares Flächenstück als Teil eines polygonalen Netzes.

Fixationsentfernung Entfernung zwischen der Bildebene und dem zu fixierenden Objekt.

Fly Art der Fortbewegung in einer virtuellen Szene bei der alle drei Achsen des Koordinatensystems verwendet werden. Wird meist in einer egozentrischen Navigation verwendet; man „fliegt" auf einem fliegenden Teppich durch die Szene.

Freiformfläche Eine parametrisierte Fläche, die in Bézier-, B-spline oder NURBS-Repräsentation gegeben ist. In der Regel werden viereckige Parameterbereiche und kubische Polynome verwendet.

G1 Beschreibung der Stetigkeit von Freiformgeometrie, bei der der mathematische Begriff eines differenzierbaren Verhaltens abgeschwächt wird. Damit eine Freiformgeometrie G1-stetig, „geometrisch stetig", ist, müssen die Tangenten parallel sein, aber in der Länge nicht übereinstimmen. Visuell ist eine G1-Stetigkeit kaum von einer C1-Stetigkeit zu unterscheiden.

GMTL Frei verfügbare Bibliothek mit Datenstrukturen für Vektoren, Punkte und Matrizen in der Grafikprogrammierung. Die Abkürzung steht für „Generic Math Template Library".

Handsteuergerät Hardware, das ein Anwender in einem CA-VE oder einer anderen VR-Installation verwendet. Dieses Gerät, vergleichbar mit einem tragbaren Joystick, hat meist eine Menge von Tasten und analoge Eingaben. Die Position und Orientierung des Geräts wird mit Hilfe von Positionsverfolgung an die Anwendung übermittelt.

Holobench Siehe Virtual Workbench.

IGES Herstellerunabhängiges Datenformat für den Datenaustausch zwischen verschiedenen Software-Systemen. Die Abkürzung steht für „Initial Graphics Exchange Specification".

Immersion Hier: die Illusion, sich in einer virtuellen Szene zu befinden; „being there".

Information Visualization Bezeichnung für ein interdisziplinäres Fachgebiet, das sich mit der grafischen Darstellung und der Interaktion mit Daten auseinander setzt. Im Gegensatz zum wissenschaftlichen Visualisieren werden bei der Information Visualization abstrakte Daten bearbeitet, die apriori keine geometrische Interpretation besitzen.

IPD Siehe Interpupillare Distanz.

Interpupillare Distanz Interpupillare Distanz. Der Abstand zwischen den beiden Augen, der für die Erzeugung von stereoskopischen Darstellungen verwendet wird.

Java Objektorientierte Programmiersprache.

Leaning model Definition der Bewegungsrichtung in einer Szene mit Hilfe eines Vor- oder Zurücklehnen des Benutzers.

Lineare Polarisation Siehe polarisiertes Licht.

Marching Cubes Patentierter Algorithmus für die Berechnung von Konturlinien und -flächen für die Visualisierung skalarer Daten.

Navigation Bewegung durch eine virtuelle Szene in der Computergrafik.

NURB Mathematische Repräsentation einer Freiformgeometrie mit Hilfe von rationalen Funktionen. Diese Repräsentation ist der Standard für moderne CAD-Systeme. Die Abkürzung steht für „Non-Uniform Rational B-Splines"; NURBS bezeichnet konkret eine Parameterfläche („surface") in dieser Repräsentation.

Parallaxe Die Distanz zwischen korrespondierenden Bildpunkten auf der Netzhaut der Augen.

Passive Stereoprojektion Herstellung einer stereoskopischen Darstellung mit Hilfe eines Bildes, in dem die beiden Bilder für linkes und rechtes Auge mit Hilfe von Farbfiltern oder Polarisationsfiltern getrennt werden. Beide Bilder werden ständig dargestellt.

Polarisiertes Licht Licht kann man als eine elektromagnetische Welle betrachten, die rechtwinklig zur Ausbreitungsrichtung schwingt. Diese Richtung wird durch den Feldvektor beschrieben. Zeigt der Feldvektor immer in die gleiche Richtung und ist die Auslenkung periodisch, spricht man von linearer Polarisation. Dreht sich der Feldvektor mit konstanter Winkelgeschwindigkeit um die Ausbreitungsrichtung und ändert seine Länge nicht, spricht man von zirkularer Polarisation.

Polygonales Netz Beschreibung der stückweise planaren Oberfläche eines Objekts durch eine Menge von Eckpunkten, Kanten und Facetten.

Positionsverfolgung Kontinuierliche Bestimmung der Position und Orientierung von Objekten.

Powerwall Beschreibt ein VR-System, das mit einer Rückprojektion und einer großen Menge von Projektoren eine Darstellung mit einer sehr hohen Auflösung realisiert.

Proxy Ein Design Pattern, das einen Platzhalter für andere Objekte bietet. Damit werden einheitliche Zugriffe auf verschiedene Ausprägungen möglich.

Python Objektorientierte, interpretierte Programmiersprache.

Raumton Erzeugung einer akustischen Ausgabe mit Hilfe von räumlich angeordneten Lautsprechern. Wird meist mit 5.1- oder 7.1-Systemen wie Dolby Surround oder DTS erzeugt.

Rückprojektion Verwendung von semi-transparenten Leinwänden und Projektoren auf der den Benutzern entgegengesetzte Seite. Damit soll verhindert werden, dass die Projektion durch die Benutzer verdeckt wird.

Scientific Visualization Siehe wissenschaftliches Visualisierung

Scientific Computing Siehe wissenschaftliches Rechnen

Shutter Glasses Brillen für die aktive Stereoprojektion. Die Brille wird mit Hilfe von Emittern mit der Darstellung synchronisiert und sorgt dafür, dass immer nur das linke oder das rechte Bild sichtbar ist. Dazu wird jeweils eines der beiden Gläser geschlossen; die Bezeichnung kommt vom englischen „to shut".

SIGGRAPH Eine Fachgruppe innerhalb der amerikanischen Informatik-Gesellschaft ACM, die sich mit Computergrafik beschäftigt. Die seit 1974 jährlich von der Fachgruppe veranstaltete Tagung wird ebenfalls mit diesem Namen bezeichnet. Sie ist die größte Fachtagung und Messe für die Computergrafik. Die Abkürzung steht für „Special Interest Group on Graphics and Interactive Techniques".

Singleton Ein in der Grafikprogrammierung häufig eingesetztes Design Pattern für die Implementierung einer Klasse, von der es nur eine globale Instanz geben darf. Der Konstruktor eines Singletons ist privat. Anwendungen, die ein Singleton verwenden, können nur eine Referenz auf eine solche Klasse abfragen.

Skalarprodukt Berechnung eines Skalars für zwei gegebene Vektoren: $\langle x, y \rangle$. Für normierte Vektoren stimmt das Skalarprodukt mit dem Kosinus des Winkels zwischen x und y überein.

Slow-in-slow-out Beschreibung des Übergangs zwischen zwei Größen. Dabei werden die Größen nicht-linear interpoliert, meist mit Hilfe von Hermite-Polynomen. Die Bezeichnung kommt von einer Beschleunigung aus einer Ruhelage, gefolgt von einem Abbremsen bis zum erneuten Stillstand.

Spatprodukt Berechnung eines Skalars für drei gegebene Vektoren mit Hilfe des Vektor- und des Skalarprodukts: $\langle x \times y, z \rangle$. Der Betrag des Spatprodukts beschreibt das Volumen des durch die drei Vektoren definierten Spats.

Subwoofer Lautsprecher in einem 5.1-System für die Wiedergabe der tiefen Frequenzen. Wird auch als 0.1-Lautsprecher bezeichnet.

Surface Interrogation Untersuchung einer Freiform-Fläche auf Punkte, an denen sie nicht die geforderten Qualitätsmerkmale aufweist. Häufig werden hierbei Punkte oder Kurven gesucht, an denen die Fläche nicht zweimal stetig differenzierbar ist.

STEP Ein ISO-Standard für den Datenaustausch zwischen verschiedenen Software-Systemen. Die Abkürzung steht für „Standard for the exchange of product model data".

Stereoskopie Technik für die Erzeugung von räumlich wahrgenommenen Bildern.

tcl Eine interpretierte Programmiersprache, die häufig als Makrosprache in Softwaresystemen eingesetzt wird. Die Abkürzung steht für „tools command language".

Tesselation Berechnung der Approximation eines Objekts durch ein polygonales Netz.

Texture Mapping Methode in der Computergrafik, mit der Parameter im verwendeten Beleuchtungsgesetz, meist die diffuse Eigenfarbe, mit Hilfe von Bitmaps oder prozeduralen Regeln beeinflusst wird.

Tracking Siehe Positionsverfolgung.

VDA-IS Ein vom Verband der deutschen Automobilindustrie definierter Standard für den Datenaustausch zwischen verschiedenen Software-Systemen. „IS" steht für „IGES Subset"; VDA-IS stellt eine Teilmenge des Formats „IGES" dar.

Vektorfeld Bezeichnung für eine mathematische Funktion, die Punkte im dreidimensionalen Raum auf Vektoren abbildet.

Virtual Workbench Beschreibt ein VR-System mit zwei Leinwänden. Eine Leinwand ist als Tischplatte angeordnet, die andere Leinwand stellt den Hintergrund dar.

VTK Eine objektorientierte Bibliothek, die sehr viele Import- und Exportfilter, Visualisierungsalgorithmen und einen Renderer in OpenGL enthält. Die Bibliothek ist in C++ implementiert und kann mit C++, Java, Python und tcl verwendet werden. Die Abkürzung steht für „Visualization Toolkit"'.

Walk Art der Fortbewegung in einer virtuellen Szene, die dem menschlichen Laufen nachempfunden ist.

Wand Wörtlich übersetzt „Zauberstab". Wird im angelsächsischen Sprachraum für das Handsteuergerät verwendet.

Weltkoordinatensystem Ein rechtshändiges Koordinatensystem für die Definition der Orientierung und der Lage aller Objekte in der Szene.

Wissenschaftliches Rechnen Bezeichnung für ein interdisziplinäres Fachgebiet, das sich mit der Simulation von komplexen Systemen auf dem Computer auseinander setzt. Mit Hilfe von

Wissen aus Ingenieurwissenschaften, Mathematik und Informatik werden komplexe Software-Systeme erstellt und eingesetzt. Die englische Bezeichnung dafür lautet „scientific computing".

Wissenschaftliches Visualisieren Bezeichnung für ein interdisziplinäres Fachgebiet, das sich mit der grafischen Darstellung und der Interaktion mit Daten aus dem wissenschaftlichen Rechnen auseinander setzt. Mit Hilfe von Wissen aus der Mensch-Maschine-Kommunikation und der Informatik werden Benutzungsoberflächen für die Darstellung und Interaktion mit komplexen Daten erstellt. Die englische Bezeichnung dafür lautet „scientific visualization".

Zentralperspektive Hier: Verfahren in der Computergrafik, um mit Hilfe von projektiver Geometrie eine perspektivische Darstellung zu erzielen.

Zielkamera Modell einer virtuellen Kamera in der Computergrafik, deren Blickrichtung mit Hilfe der Kameraposition und einem Zielpunkt definiert wird.

Zirkulare Polarisation Siehe polarisiertes Licht.

Literaturverzeichnis

1. Abert, O.: OpenSG Starter Guide. OpenSG Forum (2007)
2. Anthes, C., Heinzlreiter, P., Kurka, G., Volkert, J.: Navigation models for a flexible, multi-mode VR navigation framework. In: VRCAI '04: Proceedings of the 2004 ACM SIGGRAPH international conference on Virtual Reality continuum and its applications in industry, pp. 476–479. ACM (2004)
3. Azuma, R.: A survey of augmented reality. In: SIGGRAPH '95: Proceedings of the 20th annual conference on Computer graphics and interactive techniques. Course Notes: Developing Advanced Virtual Reality Applications, pp. 1–38. (1995)
4. Azuma, R., Baillot, Y., Behringer, R., Feiner, S., Julier, S., MacIntyre, B.: Recent advances in augmented reality. IEEE Computer Graphics and Applications **21**(6), 34–47 (2001)
5. Batter, J. J., Brooks, F. P.: GROPE-I: A computer display to the sense of feel. In: Proc. IFIP Congress, pp. 759–763 (1971)
6. Beier, K.P., Chen, Y.: The highlight band, a simplified reflection model for iterative smoothness evaulation. In: N. Spapidis (ed.) Designing Fair Curves and Surfaces (1994)
7. Beier, K.P., Chen, Y.: The highlight-line: algorithms for real-time surface–quality assesment. CAD **26**, 268–278 (1994)
8. Bender, M., Brill, M.: Computergrafik - ein anwendungsbezogenes Lehrbuch, 2. Auflage. Hanser (2005)
9. Bier, E. A., Sloan, K. R.: Two-part texture mapping. IEEE Computer Graphics and Applications **9**, 40–53 (1986)

10. Bierbaum, A., Cruz-Neira, C., Just, C., Hartling, P., Meiner, K., Baker, A.: VR Juggler: A virtual platform for virtual reality application development. In: IEEE Proceedings of Virtual Reality, pp. 89–96 (1998)

11. Blackmann, S., Popoli, R.: Modern Tracking Systems. Artech House (1999)

12. Bowman, D.A., Johnson, D.B., Hodges, L.F.: Testbed evaluation of virtual environment interaction techniques. In: VRST '99: Proceedings of the ACM symposium on Virtual reality software and technology, pp. 26–33. ACM (1999)

13. Bowman, D.A., Koller, D., Hodges, L.F.: Travel in immersive virtual environments: An evaluation of viewpoint motion control techniques. In: IEEE Proceedings of VRAIS'97, pp. 45–52 (1997)

14. Brill, M.: Bring back the past - visualizing the roman history of Schwarzenacker. In: IEEE Visualization 2000 Work in Progress (2000)

15. Brill, M., Moorhead, R., Guan, Y.: Immersive surface interrogation. Report MSSU-COE-ERC-03-04, Engineering Research Center, Mississippi State University (2002)

16. Brill, M., Rodrian, H.-C., Djatschin, W., Klimenko, V., Hagen, H.: Streamball techniques for fluid flow visualization. In: IEEE Visualization 1994, pp. 225 – 231 (1994)

17. Brockhaus (ed.): Brockhaus – Die Enzyklopädie. 20., überarbeitete und aktualisierte Auflage. F.A. Brockhaus GmbH Leipzig-Mannheim (1997)

18. Brooks, F.P.: What's real about virtual reality? IEEE Comput. Graph. Appl. **19**(6), 16–27 (1999)

19. Burgess, D.A.: Techniques for low-cost spatial audio. In: Proceedings of the 5th annual ACM symposium on user interface software and technology, pp. 53–39. ACM (1992)

20. Cruz-Neira, C., Sandin, D. J., DeFanti, T. A., Kenyon, R. V., Hart, J. C.: The CAVE: audio visual experience automatic virtual environment. Communications of the ACM **35**(6), 64–72 (1992)

21. Cruz-Neira, C., Sandin, D.J., DeFanti, T. A.: Surround-screen projection-based virtual reality: the design and implementation of the CAVE. In: SIGGRAPH '93: Proceedings of the 20th annual conference on Computer graphics and interactive techniques, pp. 135–142. ACM (1993)

22. Darken, R. P., Cockayne, W. R., Carmein, D.: The omni-directional treadmill: A locomotion device for virtual worlds. In: Proceedings of UIST '97, pp. 14–17. ACM (1997)

23. DIN (ed.): Körpermaße des Menschen Teil 2 – Ergonomie (DIN 33402-2:2005-12). Beuth (2005)

24. Eckel, G., Jones, K.: OpenGL Performer Programmer's Guide. Silicon Graphics Inc. (2007)

25. Ellis, S., Grunwald, A.: Visions of visualization aids: design philosophy and observations. In: Proceedings of the SPIE OE/LASE '89, Symposium on three-dimensional visualization of scientific data, pp. 220–227. SPIE (1989)

26. Gamma, E., Helm, R., Johnson, R., Vlissides, J.: Design Patterns: Elements of Reusable Object-oriented Software. Addison-Wesley (2005)

27. Gibson, W.: Neuromancer. Heyne (1987)

28. Hagen, H., Hahmann, S., Schreiber, T., Nakajima, Y., Woerdenweber, B., Hillemann-Grundstedt, P.: Surface interrogation algorithms. IEEE Computer Graphics and Applications **12**(5), 53–60 (1992)

29. Hanke-Bourgeois, M.: Grundlagen der Numerischen Mathematik und des Wissenschaftlichen Rechnens. Teubner (2002)

30. Heilig, M.: Sensorama Simulator, U.S. Patent 3 050 870. United States Patent and Trademark Office (1962)

31. Hofmann, A.: Das Stereoskop – Geschichte der Stereoskopie. Deutsches Museum München (1990)

32. Kalawsky, R.S.: The Science of Virtual Reality. Addison-Wesley (1993)

33. Kapralos, B., Mekos, N..: Application of dimensionality reduction techniques to HRTFs for interactive virtual environments. In: Proceedings of the international conference on advances in computer entertainment technology, pp. 256–257. ACM (2007)

34. Kaufmann, E., Klass, R.: Smoothing surfaces using reflection lines for families of splines. CAD **20**, 312–316 (1988)

35. Kelso, J., Arsenault, L., Satterfield, S., Kriz, R.: DIVERSE: A framework for building extensible and reconfigurable device independent virtual environments. In: Proceedings of IEEE Virtual Reality 2002 Conference, pp. 183–190. IEEE (2002)

36. Klass, R.: Correction of local surface irregularities using reflection lines. CAD **12**, 73–76 (1980)

37. Lepetit, V., Fua, P.: Monocular model-based 3D tracking of rigid objects: A survey. Foundations and Trends in Computer Graphics and Vision **1**(1), 1–89 (2005)

38. Lorensen, B., Cline, H.: Marching Cubes: A high resolution 3D surface construction algorithm. SIGGRAPH '87 pp. 163–169 (1987)

39. Magnenat-Thalmann, N., Pandzic, I., Joussaly, J.-C.: The making of the Terra-Cotta Xian soldiers. In: Digitalized 97: Proceedings in Digital Creativity, pp. 66–73 (1997)

40. McCormick, B.H., DeFanti, F.A., Brown, M.D.: Visualization in Scientific Computing. Report of the NSF Advisory Panel on Graphics, Image Processing and Workstations (1987)
41. McReynolds, T., Blythe, D.: Advanced Graphics Programming Using OpenGL. Morgan Kaufmann (2005)
42. Meinert, K.: Travel systems for virtual environments. Course Notes for Open Source Virtual Reality, IEEE VR (2002)
43. Poeschl, T.: Detecting surface irregularities using isophotes. CAGD **1**, 163–168 (1984)
44. Qi, W., Taylor, R., Healey, C. G., Martens. J. B.: A comparison of immersive HMD, Fish Tank VR and Fish Tank with haptics displays for volume visualization. In: APGV 06: Proceedings of the 3rd symposium on applied perception in graphics and visualization, pp. 51–58. ACM (2006)
45. Raffaseder, H.: Audiodesign. Fachbuchverlag Leipzig (2002)
46. Ray, A., Bowman, D. A.: Towards a system for reusable 3D interaction techniques. In: VRST '07: Proceedings of the 2007 ACM symposium on Virtual Reality software and technology, pp. 187–190. ACM (2007)
47. Rheingold, H.: Virtuelle Welten. Reisen im Cyberspace. Rowohlt (1992)
48. Schroeder, W., Martin, K., Avila, L., Law, C.: The VTK User's Guide. Kitware, Inc. (2000)
49. Schroeder, W., Martin, K., Lorensen, B.: The Visualization Toolkit: An Object-Oriented Approach to 3D Graphics. Prentice Hall (1997)
50. Seidenberg, L.R., Jerad, R.B., Magewick, J.: Surface curvature analysis using color. In: IEEE Visualization 92 Proceedings, pp. 260–267 (1992)
51. Shaw, E.: The external ear. In: Handbook of Sensory Physiology. Springer (1974)
52. Steinicke, F., Ropinski, T., Hinrichs, K.: A generic virtual reality software system's architecture and application. In: Proceedings of the 10th International Conference on Human-Computer Interaction (INTERACT05), pp. 1018–1021 (2005)
53. Sutherland, I.E.: The ultimate display. In: Proceedings of the IFIP Congress, vol. 2, pp. 506–508 (1965)
54. Sweet, M., Wright, R.: OpenGL Superbible. Sams (2004)
55. Thalmann D., Gutierrez, M., Vexo, F.: Stepping into Virtual Reality. Springer (2008)
56. Usoh, M., Arthur, K., Whitton, M., Bastos, R., Steed, A., Slater, M., Brooks, F.: Walking > walking-in-place > flying in virtual environments. In: Proceedings of SIGGRAPH 1999, pp. 359–364. ACM (1999)

57. Vince, J.: Virtual Reality Systems. Addison-Wesley (1995)
58. Ware, C., Arthur, K., Booth, K.S.: Fish tank virtual reality. In: CHI '93: Proceedings of the INTERACT '93 and CHI '93 conference on Human factors in computing systems, pp. 37–42. ACM (1993)
59. Ware, C., Arthur, K., Booth, K.S.: Evaluating 3D task performance for fish tank virtual worlds. Transactions on Information Systems 11(3), 239–265 (1995)
60. Ware, C., Mitchell, P.: Re-evaluating stereo and motion cues for visualizing graphs in three dimensions. In: APGV 05: Proceedings of the 2nd symposium on applied perception in graphics and visualization, pp. 51–58. ACM (2005)
61. Warren, R.: Auditory Perception (3. Auflage). Cambridge University Press (2008)
62. Welch, G., Foxlin, E.: Motion tracking: No silver bullet, but a respectable arsenal. IEEE Computer Graphics and Applications 22(6), 24–38 (2002)
63. Woo, M., Neider, J., Davis, T.: OpenGL Programming Guide: The Official guide to Learning OpenGL, Version 2. Addison-Wesley (2007)
64. Zeppenfeld, K.: Lehrbuch der Grafikprogrammierung - Grundlagen, Programmierung, Anwendung. Springer (2003)

Sachverzeichnis

Printed in the United States
By Bookmasters